青鸟新知

青鸟
新知

风中的丹顶鹤

相 伴 " 湿 地 仙 子 " 的 日 子

江苏凤凰科学技术出版社·南京

吕士成 —— 编著

图书在版编目(CIP)数据

风中的丹顶鹤：相伴"湿地仙子"的日子 / 吕士成
编著. — 南京：江苏凤凰科学技术出版社，2023.9
ISBN 978-7-5713-3374-4

Ⅰ.①风… Ⅱ.①吕… Ⅲ.①丹顶鹤 - 普及读物
Ⅳ.①Q959.7-49

中国版本图书馆CIP数据核字(2022)第258236号

风中的丹顶鹤——相伴"湿地仙子"的日子

编　　　著	吕士成	
策　　　划	傅　梅	
责 任 编 辑	王　艳	
助 理 编 辑	王　静	
责 任 校 对	仲　敏	
责 任 监 制	刘　钧	

出 版 发 行	江苏凤凰科学技术出版社
出版社地址	南京市湖南路 1 号 A 楼，邮编：210009
编 读 信 箱	skkjzx@163.com
照　　　排	江苏凤凰制版有限公司
印　　　刷	南京新洲印刷有限公司

开　　　本	718 mm×1 000 mm　1/16
印　　　张	10
插　　　页	4
字　　　数	180 000
版　　　次	2023 年 9 月第 1 版
印　　　次	2023 年 9 月第 1 次印刷

标 准 书 号	ISBN 978-7-5713-3374-4
定　　　价	48.00 元

图书如有印装质量问题，可随时向我社印务部调换。联系电话：025-83657627

Reprint the preface

再版序言

　　时光匆匆，岁月荏苒。距离《风中的丹顶鹤——相伴"湿地仙子"的日子》出版的日子，一晃过去了十多年。借这次再版的机会，说说我的心里话。

　　我是一位来自江苏盐城湿地珍禽国家级自然保护区（原为江苏盐城国家级珍禽自然保护区）的一线科研工作者。从 1984 年到今天，整整 39 年，我一直坚守在这里，这一方大美湿地，这一块鸟类家园，从事着丹顶鹤等珍稀动物及其栖息地的保护、研究、科普、教学以及人工繁育等工作，先后获得盐城市首届"生态卫士"、江苏省"最美科技工作者"等荣誉称号。39 年来，我始终不忘保护自然、维护生态平衡的初心，在这片仙鹤飞舞的地方，与同事们一起创作和演绎了一个又一个"真实的故事"，努力在一线工作中用行动来践行"绿水青山就是金山银山"的理念。

　　一天又一天，一年又一年。因为一份使命和责任，我在这片滩涂上坚守了 39 年，用全身心的付出，迎来了一个又一个惊喜。保护区建立初期，鹤类驯养繁殖场几乎是一无所有。但今天，在盐城滨海湿地，在我们几代科研工作者的共同努力下，丹顶鹤的人工驯养、育雏及繁殖等系列工作已经全部完成，成果多次填补国内空白。不仅如此，在黄海之滨的盐城，这片太平洋西海岸原始生态保存最完好的沿海滩涂，早已成为国际重要湿地、联合国教科文组织人与生物圈网络成员，是全球 9 条候鸟迁徙路线中东亚—澳大利西亚水鸟迁飞区里不可替代的关键中转站，而一举成为我国首个滨海湿地类世界自然遗产。

30多年来，以徐秀娟为原型的一个真实故事载着悠悠鹤鸣，唱响人们心中永恒的旋律，也唤醒大家"人与自然和谐相处"的生态意识。我，作为一名一线科技工作者，用自己人生最美好的年华，书写着这片土地上的生态日志。我先后主持和参与完成的省级以上科研课题达30多项，发表论文70多篇，出版专著10部，多个项目荣获省部级一、二等奖，由此获得江苏省有突出贡献的中青年专家、江苏省最美科技工作者等荣誉称号，享受国务院特殊津贴，被聘任为南京师范大学环境学院博士生导师、世界自然保护联盟中国物种生存委员会专家，当选中国鹤联会专家代表。此外，我还有幸受到中央电视台《远方的家》《走遍中国》《新闻直播间》等栏目组的邀请，向国际、国内同行和广大观众介绍盐城滨海湿地与丹顶鹤的故事。

与鹤为伴几十年，我一直有一个梦想，丹顶鹤是当今世界现存15种鹤类中被人们喜爱且流传最广泛的一种珍禽，它在地球上已生活了亿万年。如今，虽说人们在以鹤类为主的保护区内，开展丹顶鹤的驯养繁殖工作较为深入，在提高丹顶鹤的繁殖率、增加种群数量、缓和濒危状态方面做出了一定贡献，但丹顶鹤在全球生存的总数量目前也只有约4000只，远不能满足使该种群在地球上自行生存、延续与发展的基本需要。因此，摆在人类面前的任务显然是艰巨而长期的。

作为地球村的生态公民，我们应担起一份共同的责任，保护好地球——人类共同的家园。在这个大家园内，为丹顶鹤等珍稀动植物留下足够的生存空间，让它们能够在自己的空间内自由自在地生存并得以延续下去。我坚信，随着人类社会文明的不断提高，这一天终会来到。到那时，全球现在处于濒危和易危状态的物种，将与人类共存。

在此感谢江苏凤凰科学技术出版社为本书再版提供的大力帮助。

2023年5月

Preface

序

　　随着经济的发展和社会的进步，人类越来越关心生态环境和生物多样性的保护。鸟类是自然界的成员，是地球生物多样性的重要组成部分，鸟类资源的保护近年来备受世界各国的重视。

　　丹顶鹤自古以来便为我国人民所熟知和喜爱，近几十年来，由于其主要栖息环境遭到破坏，丹顶鹤的生存受到了严重的威胁，种群数量下降显著。20世纪80年代初，分布在我国的丹顶鹤数量仅为六七百只。幸运的是，国家采取了很多保护措施，在丹顶鹤的繁殖地、迁徙停歇地和越冬地建立了多个自然保护区，从而使丹顶鹤的野生种群得到了较好的保护。

　　丹顶鹤是大型水鸟，湿地是其赖以生存的基础。湿地生态系统不仅维持着水鸟的生存与繁衍，在涵养水源、防洪泄洪、调节气候、提供水产品、科研、文化教育、旅游观光等方面都具有重要意义。近来，由于人口增长与经济发展之间的矛盾不断加剧，我国许多地区对湿地进行了大规模的围垦和开发，将湿地生态系统转变为陆地生态系统，导致湿地面积大幅度下降，同时也削弱了湿地的生态效益。1998年夏天，发生在长江流域的洪水，不仅是上游森林遭到乱砍滥伐的结果，长江中下游地区湿地生态系统的严重破坏也是一个重要原因。因此，保护湿地不仅保护了丹顶鹤等濒危珍稀水鸟的栖息环境，而且也保护了我们人类自己的家园。

《风中的丹顶鹤——相伴"湿地仙子"的日子》一书的作者吕士成先生长期从事丹顶鹤保护与管理工作。他在条件十分艰苦的盐城沿海滩涂从事丹顶鹤的研究 20 多年，完成了丹顶鹤越冬行为及其栖息地保护等方面的研究课题 20 多项，发表学术论文 70 余篇，出版书籍多部。在《风中的丹顶鹤——相伴"湿地仙子"的日子》一书中，作者不仅用生动的文字详细描述了丹顶鹤的生活习性、与人类的关系，以及其与同事在丹顶鹤种群和湿地生态系统保护历程中的艰辛与执着，而且用大量照片向人们展示了生活在自然环境中的丹顶鹤高雅、俊秀的身形和飘逸、灵性之美，这对于宣传保护丹顶鹤，从而使这一物种延续下去必会起到积极作用。我相信，本书的出版也可进一步促进我国丹顶鹤的研究工作，并推动鹤类的保护与管理工作提高到一个新的水平。

　　保护濒危物种不仅仅是科研人员和自然保护工作者的任务，更是全社会的共同责任。只有全社会都行动起来，参与到自然保护中来，丹顶鹤等濒危珍稀物种才有可能长期生存下去。

　　真诚地希望本书的出版能对包括丹顶鹤在内的濒危珍稀野生动物及其栖息地的保护有所帮助。愿我们大家共同关注地球村的生态伙伴，让丹顶鹤与我们共生存，让人类文明再次走向辉煌。

中国科学院院士

中国动物学会鸟类学分会名誉理事长

北京师范大学教授

郑光美

2008年7月

Foreword

前言

湿地被誉为"地球之肾"，它与森林、海洋并称为人类生存繁衍的三大自然生态系统。湿地是大自然赐予我们的礼物，作为具有国际意义的重要湿地——江苏盐城沿海滩涂，维系着区域生物多样性，既直接造福于人类，又为人类带来了巨大的生态效益和社会效益。

有"湿地仙子"之称的丹顶鹤是世界濒危珍稀鸟类，也是我国一级保护动物，自古以来一直被视为吉祥、长寿、幸福、忠贞的象征，深受我国人民的喜爱。

历史上曾经由于人们对湿地的过度开发，丹顶鹤的栖息地受到了干扰和破坏，生存空间大幅度缩小，导致丹顶鹤成为濒危动物，国际濒危物种贸易公约（CITES）早已将其列入附录 I 物种名录中。目前，除丹顶鹤外，全世界还有其他鹤类 14 种，都在不同程度地遭遇着全球气候变暖、湿地过度开发等境况。这 15 种鹤类中有 9 种分布在我国，因而我国在鹤类的保护与研究上有着举足轻重的地位和重要的历史责任。

我自 1984 年起在江苏省盐城地区沿海滩涂珍禽自然保护区（时称）从事丹顶鹤越冬种群及其相关项目的保护与研究工作，本书就是根据多年来从事丹顶鹤及其栖息地保护与研究的工作经历，系统地介绍了丹顶鹤的分布动态、人工驯养与繁殖、越冬行为、繁殖生态、栖息环境选择与保护等方面的知识。希望本书的出版能够进一步引起公众对丹顶鹤种群及其栖息地保护的重视，并有更多的人加入自然保护的行列中来。

　　本书在编写过程中得到了江苏盐城湿地珍禽国家级自然保护区管理处高志东、李春荣、殷鹏、孙国荣，黑龙江扎龙国家级自然保护区管理局李长友、王文峰、吴焕军、马建华、徐建峰的大力支持和帮助，书中部分照片由王克举和马建华提供，在此一并表示衷心的感谢。

　　限于编写者水平有限，错误、不当之处在所难免，恳请各位专家、同行及广大读者不吝赐教，予以斧正。

江苏盐城湿地珍禽国家级自然保护区高级工程师

2008年7月

CONTENTS

目录

第一章

引子

夜里，我时常在梦中听到鸟的呼唤。在一片广阔无垠的滩涂上，沼泽星罗棋布，艳阳下有鸣声传来，声音高亢而洪亮，就像林中的风声，叫声从远方愈发强烈地传来，最终响彻我的耳畔。这是一群形神俊逸的鸟，翱翔在美丽的草滩之上。恍惚中，我看见了它头顶上的红色，它就是"湿地仙子"——丹顶鹤。

GRUS JAPONENSIS

1987年的一天，我永远也忘不了，我的挚友徐秀娟因寻找一只飞散的大天鹅而不幸溺水，这在我国野生动物保护史上留下了重重的一笔，同时，也留下了"丹顶鹤在越冬地人工驯养繁殖研究"的课题。从那时起，我来到了坐落在野生丹顶鹤越冬栖息的原生滩涂上的鹤类驯养场，开始了一段艰难而又充满新奇与喜悦的与鹤为伍的历程。

　　要想研究一种野生动物，你就必须使自己的生活节奏与之合拍。只有这样你才能更多地接触它们，也只有这样你才能更多地了解它们。

　　我来到鹤类驯养场的时候才26岁。开始时，认为只要每天给它们喂喂食，听听它们的叫声，就能够走近它们，破译它们的语言。后来我渐渐明白，我对丹顶鹤的了解只是冰山一角，还有更多的丹顶鹤的奥秘等着我去探索。

　　地球上的鹤类大约出现在6000万年前。始新世时期的化石记录表明，4000万年前的鹤类与现在艳丽的非洲冠鹤相似，这些有冠毛的、面

＞　寻找觅食地

部裸露的、羽毛松散的鹤，有30多种在林中栖息，在沼泽地里繁殖。那时鹤类遍布气候温暖、覆盖着大片湿地的北部大陆。鹤类不曾移居到南美洲，它们在北美、欧亚大陆和非洲的种类、数量都很多。

进入第四纪冰川期后，大地开始变冷，新的山脉将陆地断开。由于冰川和山峰的作用，大片的湿地消失。艳丽的冠鹤不能适应寒冷的气候，因此它们的栖息区域缩减到赤道附近的非洲，因为那里在冰川期始终保持着热带的环境。同时，北方地理环境的改变也成了生物进化的推动力，为产生新的鹤类提供了条件。最后形成了目前世界上15种优美的鹤类，丹顶鹤便是其中的一种。

丹顶鹤体态修长，身高达1.3米以上，体羽洁白，头戴红冠。它们时而亭亭玉立，翘首企望；时而长腿轻迈，飞羽慢摇；时而感情奔放，引颈长鸣。其声清脆响亮、悦耳动人，甚是惹人喜爱。

在我与丹顶鹤相伴的30多个年头里，它们渐渐地熟悉了我，知道

> 适宜的栖息地

> 比翼双飞

我住在哪里，也知道每当太阳升起的时候，我就会出现在它们的视野里。它们看到我就会在风中翩翩起舞。观赏丹顶鹤之舞蹈，确是一件赏心悦目之事。丹顶鹤的群舞，热情奔放；双鹤的对舞，欢快愉悦，饱含激情，充满着追求与希望；孤鹤的独舞，则抒发着孤独愤懑的心境和对新生活的憧憬。

如今，这一神奇的物种在全球野生状况下仅存约 4000 只。其中日本北海道东部钏路沼泽地（岛屿种群）分布有 1600~1900 只。这个分布在日本北海道的繁殖种群，夏天到日本的十胜河流域、钏路湿原、别寒边牛川、雾多布湿原以及根室的根室半岛、风莲湖和野付半岛等地繁殖。冬天多集中在阿寒、中雪里和下雪里 3 个给食站越冬，这个种群的繁殖地和越冬地的最长距离仅 150 千米。迁移路程很短，有些家庭甚至整年不离开繁殖地，所以被认为是不迁徙的留鸟种群。

另一个为大陆种群。在俄罗斯兴凯湖和我国三江平原一带繁殖的东部种群，秋季迁移到朝鲜半岛的汉江口、三八线的非军事带以及朝鲜东岸和西岸的滩涂地越冬；在俄罗斯兴安斯基和中国内蒙古东部与扎龙，吉林省的向海国家级自然保护区和莫莫格国家级自然保护区，辽宁省辽河三角洲地区的双台河国家级自然保护区一带繁殖的西部种群，秋季迁移到 2000~3000 千米远的江苏盐城滩涂和长江下游淡水沼泽地越冬。丹顶鹤的国内越冬地主要在江苏盐城，少数群体在山东沿海滩涂越冬。

在经济高速发展，保护与开发之间的矛盾普遍存在的新形势下，如何使这一美丽的物种与我们人类和谐相处、彼此共存，是摆在我们这些科技工作者面前的重要课题，需要我们提出切实可行的方案并付诸行动。

　　目前，我国在内蒙古、黑龙江、吉林、辽宁、山东、江苏等地先后建立了以丹顶鹤保护为主的自然保护区，无数的自然保护工作者为此付出了艰辛的努力，但仍未从根本上改变丹顶鹤的濒危状态。丹顶鹤及其自然界的其他物种都不能独立存在，要维持它们的生命，就必须有一张完整的生命网。30多年来，我与丹顶鹤结下了不解之缘，希望丹顶鹤能够顽强地生存下去，愿大家和我一起共同关注。

第二章

与丹顶鹤的第一次
亲密接触

对于一个濒危物种而言，我们首先要做的是尽最大努力保护它们的栖息地不被破坏，给它们充足和自由的生存空间；其次是尽可能多地采取各种人为的辅助手段，为丹顶鹤等濒危珍稀物种创造出有利于其自身生存发展的条件。

GRUS JAPONENSIS

第一次见到的丹顶鹤是一具标本。当时我正在南京林业大学鸟兽标本室进修鸟类和动物生态学。当著名鸟类学家周世锷教授将我领进他的标本室时，映入我眼帘的是各式各样、多姿多态的鸟兽标本。

在众多的鸟兽标本中，有一只大白鸟，它站立在那儿，身高腿长，身上的羽毛大多为白色，喉、颊和颈部呈暗褐色，尾部则披着黑得发亮的羽毛，头顶上戴着红红的肉冠。它看起来犹如一件艺术精品，我甚至想伸手摸摸它。周教授介绍说：这就是著名的文化鸟——丹顶鹤。它身姿秀丽，有着修长的脖子和双腿，多为画家所瞩目；因为它举动优雅、行止有节，或引颈高鸣，或展翅飞舞，亦常为诗人所赞颂。老师的一席话让我停留在丹顶鹤的标本前足有半小时。这次亲密接触让我迫不及待地想见到丹顶鹤。

几天后，在南京玄武湖公园参观时，我见到了丹顶鹤，只见它时而亭亭玉立，翘首企望；时而长腿轻迈，飞羽慢摇；时而感情奔放，引颈长鸣。声音清脆响亮、悦耳动人，甚是惹人喜爱。然而，喜爱之余，我的心中却泛起了一丝淡淡的惆怅。当时善解人意的周老师一边轻轻拍打着我的肩膀，一边意味深长地说："尽管丹顶鹤在全球的野生总数为2000多只，仅分布于东北亚地区，但当今世界正在掀起一股保护与研究鹤类的热潮，丹顶鹤已被列入濒危物种红皮书中，各有关国家也在其繁殖地或越冬地相继建立了自然保护区。我国政府更是将丹顶鹤列为一级保护动物，先后在黑龙江省的扎龙、吉林省的向海、江苏省的盐城等地建立了以丹顶鹤等珍禽及其赖以生存的湿地生态系统为主要保护对象的自然保护区。相信不久的将来，通过大家的共同努力，丹顶鹤一定能成为我们人类永远的朋友。"

与丹顶鹤有了两次亲密接触之后，加之周老师的循循善诱，我不仅对丹顶鹤的生存现状有了初步的认识，而且也坚定了日后从事鹤类保护与研究事业的信心。

1985年秋，我回到了江苏盐城，进入江苏盐城国家级珍禽自然保护区[①]（以下简称盐城自然保护区）工作，成为一位名副其实的护鹤使者。

　　[①] 江苏盐城国家级珍禽自然保护区于2007年正式更名为江苏盐城湿地珍禽国家级自然保护区。

盐城，当年老一辈无产阶级革命家曾在此开展抗日救亡运动，盐城也因此成为革命老区，载入我国人民革命斗争的史册。如今，在世界鹤类保护事业中，盐城的名字又一次蜚声海内外。全球野生丹顶鹤有半数以上在盐城沿海滩涂越冬栖息，不仅在国内的东北三省、内蒙古繁殖的丹顶鹤来盐城越冬栖息，在俄罗斯、蒙古等国繁殖的丹顶鹤也来盐城沿海滩涂越冬栖息。它们在盐城的四五个月里吃饱喝足，积蓄了充足的能量，为来年去北方繁殖做好充分的准备。

　　从这一年的冬天开始，我对丹顶鹤产生了一种微妙的情感，感觉它们就是我生命中的一部分。

> 寻找芦苇里的小生物

隆冬时节，我和同事们深入滩涂一线，趟沼泽、过潮水沟，纵跨沿海滩涂，准确无误地掌握了丹顶鹤在盐城地区的分布时间和每一处栖息点的位置、数量以及周围的环境状况。

1986年春，为了深入了解丹顶鹤的个性特征，保护区管理处决定创办鹤类驯养场，对丹顶鹤进行人工驯化及繁育。因为工作的关系，我结识了著名的驯鹤姑娘——后来被人们称为"鹤娘"的徐秀娟同志。从她那儿我学会了与丹顶鹤交朋友的本领，也学会了给"鹤宝宝"当保育员的技巧。

一次意外既让我刻骨铭心，也让我循着"鹤娘"的脚步一直走了下去。

1987年9月16日，徐秀娟同志因寻找一只飞散的大天鹅，不幸溺水牺牲。为了完成烈士留下的"丹顶鹤在越冬地人工驯养繁殖研究"课题，也为了保护区的鹤类保护与研究事业，在征得领导的同意后，我毅然决然地从各方面条件都比较优越的管理处机关大院，来到了坐落在原生滩涂上的鹤类驯养场，开始了艰难而充满新奇与喜悦的与丹顶鹤为伍的历程。

第三章

走出保护丹顶鹤
艰难的第一步

　　盐城自然保护区鹤类驯养场创办之初，工作和生活条件都十分恶劣。在一座废弃多年、十分破旧的哨所内，没有自来水、照明电，没有通信设施，甚至连一条通往外界的完好的公路都没有。破旧的哨所外一无所有，一片荒芜。茫茫草滩，人迹罕至。每到晚上，四周一片漆黑，唯有门外海风呜呜地呼啸着掠过草滩，室内的烛光摇曳不定，蚊虫叮咬令人奇痒难忍。就在这样的环境里，我和同事们开展了由国家环保局下达的"丹顶鹤在越冬地人工驯养繁殖研究"工作。

　　时过境迁，经过 30 多年的建设与发展，盐城自然保护区的鹤类驯养场已扩大建设为鸟类研究中心和珍禽繁育中心。工作和生活条件都得到了大幅改善，现代化、智能化也已达到国内先进水平。

GRUS JAPONENSIS

一 · 第一次听见雏鹤鸣叫

1991年春，我与同事们精心饲养驯化的一对丹顶鹤交配后，在丹顶鹤的越冬地产下了第一枚鹤蛋，大伙儿欣喜若狂。那天中午，我们破例买来一瓶白酒并加了几道菜，庆贺这一具有历史意义的时刻的到来。然而，乐极生悲！由于丹顶鹤将巢筑在一低洼处，我们担心下大雨造成积水，鹤蛋会浸入水中，因此我们将鹤巢移至高处。但"好心"换来的却是"恶报"，因为我们触犯了鹤巢不能人为移动的禁忌。两小时后，我们发现鹤蛋已被亲鹤啄破……

> 小丹顶鹤

1992 年春，我们对笼舍进行了改建，经亲鹤自孵，第一只小丹顶鹤终于破壳而出。

丹顶鹤是早成鸟，出壳后几小时，雏鹤就能站立，虽还站不稳，但可勉强觅食。此时的小丹顶鹤，像一只黄色的毛茸茸的小鸡，只是体形大得多，喙、腿粗壮一些罢了；叫声当然远不如其父母高亢有力，跟小鸡差不多，只是更洪亮一些。

我终于在丹顶鹤的越冬地第一次听到了人工繁殖成功的雏鹤姗姗来迟的鸣叫，这声音似仙乐般醉人。

然而，对困难的估计不足再次让我们品尝到了失败的苦果。小丹顶鹤出壳 3 天后，为躲避雷雨的袭击，钻进巢中的一根芦苇下，回巢的亲鹤没在意，踩在芦苇上，小丹顶鹤被活活压死了。

在之后的两年中，失败总是在即将成功的时候，一次次地向我们袭来。我们深深地感受到这项工作的艰巨性，同时，也更加坚定了攻克难关的决心和信心。在相关领导的指导与鼓励下，不断总结经验、调整对策、刻苦攻关，终于在 1994 年，我们首次全面完成了丹顶鹤在越冬地野外条件下的人工繁殖任务，填补了国内这一研究领域的空白，打开了丹顶鹤在越冬地人工繁殖研究的新局面。

经过多年的学习探索与实践，我们积累了很多孵化的经验。过去可采用四种方法同时或分别进行，即机器代孵、人工孵化、义亲代孵、早期自然孵化与人工孵化结合。近年来，盐城自然保护区逐渐放弃了其他方式，大多采用亲鸟完全自然孵化的方法。结果表明，人工孵化出来的幼雏没有亲鸟自然孵化出来的健壮，且后者的成活率更高。

二 · 抢救鹤蛋

　　1995 年，一对丹顶鹤分别于 5 月 1 日和 5 月 4 日产蛋 2 枚，经一个多月的孵育，6 月 2 日早晨第一枚蛋顺利孵化，刚出壳的雏鹤下午便能蹒跚行走了。

　　天有不测风云，当日傍晚天气即由白天的晴到少云，转为中到大雨并伴随大风。雏鹤在雷雨声中受到惊吓跑出了巢穴，亲鹤则因不放心雏鹤只得舍弃进入孵化后期的第二枚蛋。当我们发现这个情况时，蛋壳外表已冰凉，但是我们仍抱着一线希望，将这枚蛋用药棉包裹好，放在煤油灯下慢慢加温（当时因风雨太大造成停电）。至 4 日上午，厄运再次降临，蛋壳因故破损近三分之一，且有血液从胎膜内流出。仔细观察后发现雏鹤仍在胎膜内蠕动，因此我决定对其继续实施抢救计划，仍然按正常的孵化程序对其进行保温处理。中午时分，我将用药棉包裹的蛋移至太阳下取暖，并在药棉的内层插入一根温度计，随时掌握温度的变化情况。此外，在卵壳的破损处留一通气孔，并根据胎膜的干湿程度，适时用口吸入温水后向药棉喷洒雾状水汽，以保持一定的湿度。幸运的是，当日下午 4 时许，正当太阳光照渐渐减弱的时候，供电恢复了，我赶紧将其移入人工温箱内抢救。

　　经过几天几夜的连续抢救，雏鹤非但没有死亡，反而于 6 月 5 日下午顺利出壳了。由于受过磨难，卵黄吸收不完全，雏鹤出壳时体重不足 100 克，这给育雏工作带来了相当大的难度。

　　我一边细心护理着这只小丹顶鹤，一边摸索着解决

各种难题。现在，这只历经磨难的丹顶鹤在盐城自然保护区的鹤场内健康
地成长着。

> 产蛋后的喜悦

三 · 破译丹顶鹤的"语言密码"

也许你不相信，丹顶鹤也会向人类表达感情，它们有自己特殊的语言。

我与同事们的工作主要是保护与研究丹顶鹤，扩大丹顶鹤种群的数量，即在野生丹顶鹤的越冬地通过人工驯养繁殖的手段，建立一个不迁徙的丹顶鹤人工种群，最终达到人与丹顶鹤彼此共存的目的。

我每天要花上4小时和丹顶鹤一起活动，即所谓的驯化。带领它们到荒草湿地去行走、奔跑，在食物丰盛的地方觅食。除遇到风、雨、雾等不利的气候条件之外，每天如此。

> 出生约20天的小丹顶鹤

人与鹤长时间相处，如果不懂它们的语言、没有感情，只是当作任务，难免会有寂寞感，于是我开始把大部分的时间用在与鹤的交流与沟通上。首先从行为上着手观察，详细记录，反复研究对比，渐渐地摸清了丹顶鹤不同的行为所表达的不同含义。它若低头前伸向我走来，或昂首侧身、步履稳健但较慢地走来，必定是向我进攻的前奏；若是头低下后又突然抬起，似鞠躬，并反复如此，则是兴奋的一种表现，表示欢迎；若围着我并用长喙亲吻我的手背、衣角、纽扣，则是对我表达信任，视我为它们的亲密伙伴。

熟知丹顶鹤的形体语言后，我干脆将自己的床铺搬到丹顶鹤的笼舍，长

> "夫"唱"妇"随

期和它们住在一起，观察、研究它们不同的鸣叫声所表达的各种含义。功夫不负有心人，慢慢地，我从丹顶鹤的鸣叫声中读懂了它们的语言，掌握了它们在冷暖、饥饱、喜怒等多种情形下的语言表达方式。和小丹顶鹤一起散步时，它们一时不见我，便会发出急促的"叽——叽——叽"的尖叫声。我一听便知道它们在寻找我。在温度过高需要降温时，小丹顶鹤便在育雏室或育雏箱内不停地走动，并伴随着"叽——叽——叽"的鸣叫声。饥饿时，小丹顶鹤会一边围着我转，一边快速地用喙尖啄我的手指，再用高于平时3倍的鸣叫频率告诉我它饿极了！一只雄性丹顶鹤发出一长声"咕呜——"的单音鸣叫，另一只雌性丹顶鹤立即用短促的"咕——咕"声和鸣，表明它们情投意合，已进入"恋爱"阶段。

江苏盐城湿地珍禽国家级自然保护区位于江苏中部沿海，区域涉及盐城沿海6个县（市、区），是我国最大的滩涂湿地自然保护区之一。主要保护丹顶鹤等珍稀野生动物及其赖以生存的滩涂湿地生态系统。

破译了丹顶鹤的语言密码，了解了丹顶鹤的行为含义，便消除了我与丹顶鹤之间的隔阂。经过深入训练与反复交流，丹顶鹤也能理解我对它们所做出的动作和发出的声音的含义。我与丹顶鹤达到了彼此理解、心心相印的程度，并真正成了形影不离的亲密伙伴。

有一次我出差 20 多天，心里总是惦记着鹤群。当完成任务后，匆匆忙忙地赶回鹤场时，正在野外散放的鹤群在我的一声哨令下，立即直奔向我，落在后面的唯恐跟不上群，干脆振翅向我飞来。跑在前面的丹顶鹤看到后面的同伴飞了起来，也纷纷起飞，争先恐后地来到我的身边并不停地鸣叫，有的在我面前跳起了欢快的"舞蹈"，有的深情地注视着我，还有的用喙亲吻我的身体。此情此景，让我好不激动。

同事们告诉我，在我出差期间，鹤群还没有这样兴奋过，有的丹顶鹤甚至减少了进食量。还有一只丹顶鹤常常离开鹤群，并不时地发出哀鸣。这大概就是人与丹顶鹤之间的相思之情吧！

经过多年的努力，我们在丹顶鹤迁徙种群的越冬地——盐城自然保护区成功建立了一个不迁徙的留鸟种群。这个种群的建立在保护丹顶鹤遗传种质和缓解其濒危状况及环境教育等方面起到了不可替代的作用。

第四章

小丹顶鹤的"人妈妈"

从雏鹤出壳的前一天开始，我就每天和它在一起，从日出到日落，用固定的声音信号即模拟亲鹤的鸣叫声对其进行刺激，并形成仪式化信号，伴随丹顶鹤生长发育的各个阶段，直至其性成熟。驯化好的丹顶鹤对驯养员很是依恋，这种依恋甚至伴随它的一生。

出壳后的"鹤宝宝"需要精心照料，于是我整天和它住在一起，理所当然地成了它的"人妈妈"。

GRUS JAPONENSIS

一 · 模拟鸟鸣助丹顶鹤破壳而出

　　出壳前一天，雏鹤会在蛋壳内发出节律性的鸣叫声，即所谓的胎鸣行为。从听到第一次胎鸣起，必须人工模拟亲鹤的鸣叫声回应（即仪式化信号），以后每隔一段时间重复一次，引诱雏鹤在蛋壳内跟从鸣叫，直至出壳。这样，雏鹤便不知不觉地接受了人为的信息刺激，之后当它第一次睁眼看世界的时候，首先看到的便是陪伴在它身旁的"人妈妈"以及周围环境中一系列的人工痕迹，印记往往在这一刻迅速形成，以至于它们在以后的生活中对人产生较强的依恋，从而达到驯化的目的。

> 即将破壳而出的小丹顶鹤

二·幼鹤依恋"人妈妈"

　　雏鹤出壳后24小时可饮水，48小时可取食。从初次饮水到取食，我发出声音信号刺激雏鹤，为以后的驯化做准备。第一次饮水，在用信号引发雏鹤鸣叫的同时，用医用滴管将水滴在其喙尖端，雏鹤就能将水咽进喉咙。以后每天在固定的时间喂水，一边发出信号，一边将滴管的出水端展现在雏鹤眼前，它便会自己用喙咬啄滴管，使水沿着喙部内侧进入食管。形成这一固定模式后，每次饮水时重复上述过程，雏鹤便会很快完成饮水动作。初次取食同样如此，我将事先准备好的食物放在雏鹤的喙前端，并左右摆动，以引起雏鹤的注意，同时伴随着声音信号，雏鹤会用喙啄取食

> 降落

> 飞翔的丹顶鹤

物后吞食。以后每次进食继续重复上述过程，雏鹤会很熟练地完成进食动作。雏鹤在饥饿时，亦会主动向我发出需要进食的信号。表现为鸣叫频率加快，是平时的3倍以上，且在温箱内不停地走动。

雏鹤出壳时，温箱的温度宜保持在 36.5 ℃。以后根据其生长发育情况和室内外环境温度变化，可逐日降温 0.5 ~ 1 ℃。一周后，我一边发出声音信号，一边以固定的行为方式带领雏鹤在育雏室内行走、奔跑。这样做既达到了增强雏鹤体质、提高免疫力的目的，也培养了人与鹤之间的感情。晴天、3级以下风力、环境温度达到 28 ℃以上时，我带领雏鹤到室外做适量的散放驯化活动。散放时，我身着白色工作服，走在雏鹤的前面，一边发出声音信号，一边领其行走。因为最初的印记，雏鹤从第一次室外活动起，就自觉地跟随着我，一刻也不愿意离开。活动时始终发出节律性的鸣叫，与我保持联系。如果一时见不着我，它就会惊恐地鸣叫，并不停地奔跑寻找。

雏鹤从出壳至1个月内，相互间打斗的现象时有发生。如果不能及时发现并制止，雏鹤会有咬伤甚至危及生命的可能。当它们之间发生打斗时，我立即将它们分开，接着用一只手轻轻将其按倒在地，另一只手轻轻抚摸其头顶和背部，同时发出声音信号。对另一只也做同样的驯化，且让它们在1米以内相互对视，逐渐适应并接纳对方。多次驯化后，它们很快就理解了"人妈妈"的用心，彼此不再咬啄并和睦相处。

三·带领小丹顶鹤迎风奔跑

夏季的高温对小丹顶鹤是一个考验。小丹顶鹤常常难以忍受，表现为张口呼吸且加快鸣叫频率，不停地走动。看到这一情景，我赶紧用大塑料盆加入清洁卫生的凉水，让它们在里面洗浴，有时还用喷壶直接向它们身上喷洒凉水，带给小丹顶鹤清凉和快乐。此外，食物、周围环境的清洁卫生、敌害等方面的问题也不容忽视。

出生2个月以后为小丹顶鹤生长发育的缓慢阶段，3个月左右进入练习展翅飞翔阶段。这时我就带领小丹顶鹤在开阔地带迎风奔跑，好让它们

> 刚出壳的小丹顶鹤

> 在落日余晖下觅食

在奔跑时借助风力飞向天空。从起飞到落地，我不断地发出高亢的声音信号，以此保持着和小丹顶鹤之间的信息联系，小丹顶鹤也一定会在我的身边着陆。

虽然只有3个月大，但小丹顶鹤已经能在天空自由翱翔了，它们的体形与成年鹤相比并没有多大的差别，只是稍显单薄些。

四·恋上饲养员

在与丹顶鹤的长期生活中,我和同事们发现了一个有趣的行为。部分丹顶鹤能分辨出人类的性别,并表现出同性相斥、异性相吸的现象。

有一只经过深度驯化的雌性丹顶鹤,因为科普宣传的需要,经常和游人一起合影留念。久而久之,我发现它与男游客合影时较安静,也很驯服;对女游客却表现出了较强的敌意,特别是服饰艳丽的女游客时常遭到它的攻击。在驯养人员十分严密的防范中,它仍能瞅准机会,钻空啄咬女游客的衣角、纽扣、皮鞋、手背等处,常有女游客的手背被其啄破。

节假日,我夫人和孩子一起来鹤场度假,这只丹顶鹤看到我夫人常跟随我左右,便因此而产生"愤怒"的情绪。

一日临近傍晚,我夫人高高兴兴地跟随我一起来到驯化场地,一睹群鹤竞飞时的英姿。群鹤在我的哨声引导下纷纷振翅飞向天空,在蓝天白云的映衬下勾勒出一幅美丽的画卷,令人赏心悦目。几圈飞翔之后,丹顶鹤先后停落在我的身边,围着我跳舞、鸣叫。有的丹顶鹤还用嘴叼起地面上的杂草等物一边跳跃着,一边将杂草抛向天空;有的丹顶鹤干脆用它们长长的尖喙轻轻啄击我的手。正沉浸在欢乐中的夫人,突然间遭到那只雌鹤的猛烈攻击。它一边用坚硬的喙尖啄击她,一边用强健的足趾踩她。我夫人毫无思想准备,在这突如其来的袭击面前惊恐不已,高声呼救。后经我的"劝解",并强行将两者隔离,才避免了一场更大的"流血"事件。回头再看我的夫人,手背已被啄破流着鲜血,衣服亦已被鹤爪抓破。从此以后,这只丹顶鹤一见到我夫人便找机会攻击。在以后的散放驯化过程中,我发现它并不是只对我夫人"反感",对其他男驯养员的夫人也同样有攻击行为。

丹顶鹤一旦对人产生实质性攻击行为后,往往会对被攻击的对象产生记忆。1996年中国科学院的马志军博士在保护区做论文期间,遭到一只丹

> 独自鸣叫

顶鹤的咬啄。一年后他再度来到保护区时，立即被那只丹顶鹤认出并遭到其猛烈的攻击。

有趣的是，平时亲近驯养员的丹顶鹤，开始时总是不太情愿和同类异性个体配对，一经深入接触并终成配偶后，会立即改变其长期形成的个性特征，即由温顺变为好斗。即使是平时十分亲近的驯养员进入其繁殖巢区，同样会遭到强烈的攻击。

在研究丹顶鹤的过程中，我发现丹顶鹤非常"忠贞不渝"，这与它对物体有着强大的记忆能力和辨别能力有关。

作为候鸟，丹顶鹤每年春秋两季都要在它们的繁殖地和越冬地之间往返迁徙，当年出生的小丹顶鹤跟随父母迁徙一次后，来年就能通过自己

> 芦苇秋色

> 启程飞翔

据调查，江苏盐城湿地珍禽国家级自然保护区有各类动物 1565 种，高等植物 614 种。根据国家林草局最新公布的《国际重点保护野生动物名录》，江苏盐城湿地珍禽国家级自然保护区共有国家重点保护野生动物 128 种，其中国家一级重点保护野生动物 38 种（鸟类 27 种），国家二级重点保护野生动物 90 种（鸟类 73 种）。区内有 17 个物种被列入世界自然保护联盟濒危物种红色名录。保护区是生物多样性的高度富集区，是濒危物种不可或缺的重要栖息地，是名副其实的生物物种"基因库"。

经过 30 多年的发展，这里已经发展成为国家级自然保护区、世界生物圈保护区、东亚—澳大利西亚涉禽迁徙网络成员、国际重要湿地、世界自然遗产地。这里也是我国第一处、世界第二处滨海湿地类型世界自然遗产地。

的记忆辨别"航线"，准确到达目的地。

在饲养基地，丹顶鹤深深地"爱慕"着驯养员。被深度驯化的丹顶鹤能对驯养员的声音和外貌特征进行辨别。如果驯养员躲在一角用模拟丹顶鹤的鸣叫声来召唤它们，它们就能通过大脑的记忆，迅速做出反应。如果驯养员不发出任何声音，走入鹤群中，丹顶鹤同样能通过外貌特征识别，确信是它们所熟悉的驯养员后，便立即在驯养员的周围跳起欢快的舞蹈。有的丹顶鹤甚至引颈长鸣，以示欢迎。这一现象应该是丹顶鹤刚出生时对驯养员产生印记行为的结果。

上述现象在美国的国际鹤类基金会也时有发生。目前我们尚不能对此做出准确的解释，仍有待进一步的观察和研究。

第五章

丹顶鹤越冬地的
野外考察

江苏沿海自古就是丹顶鹤的越冬地。广阔无垠的滩涂、交替有序生长的植被、星罗棋布的沼泽给丹顶鹤提供了安全、宁静的生活空间；各种昆虫、甲壳类、贝类等滩涂生物为丹顶鹤提供了丰富的饵料。这里没有污染、没有喧嚣，在海陆交汇处，只有大海的浪涛声和海鸟搏击风浪时的尖叫……

GRUS JAPONENSIS

一·湿地——正在消失的丹顶鹤家园

1996年，复旦大学鹤类研究专家马志军博士特地来到盐城自然保护区，对在此越冬的丹顶鹤进行专项研究。他通过对史料的统计分析后得出结论：随着自然环境的变迁，丹顶鹤的分布地曾多次发生变化。唐宋以前，丹顶鹤在上海一带广泛分布；黄河夺淮期间，其栖息地逐渐东移至江苏里下河地区；1855年以后，又逐渐向江苏沿海滩涂转移；20世纪初，丹顶鹤的越冬中心已转移到盐城附近的滩涂。

据古书记载，我国长江中下游地区及沿海各省都有丹顶鹤分布。从时间上看，古代丹顶鹤越冬地的分布与黄河及长江流域的自然地理条件、海岸线的变迁以及人类的开发活动有着密切的关系。从三国到唐宋时期，丹顶鹤在当时的松江府（今上海市吴淞江以南地区）一带曾有着广泛的分布。当时，松江府一带人烟稀少，特别是沿海地区有着大面积的沼泽和滩涂湿地，这为丹顶鹤的栖息创造了良好的条件。当地的地方志中有许多关于丹顶鹤的记载。《同治上海县志·古迹》中记载："鸣鹤桥，相传陆机放鹤处……在府东北冈身。"这里所指的冈身即太仓—松江—金山一带的古沙堤，是4000~6000年前当地人民为防止海水入侵在沿海修筑的堤坝。

到了北宋初期，由于长江携带的大量泥沙逐渐淤积，长江以南的海岸线向东南方向延伸。这一时期丹顶鹤的越冬地向东转移至南汇下沙一带。随着长江携带的大量泥沙在沿海滩涂淤积，海岸线继续向东延伸。到了清朝末年，海岸线与现在已经很接近了。由于人口的急剧增加，上海逐渐成为一个人口稠密的繁华都市，以前当地常见的丹顶鹤在清朝初年已非常罕见。

江苏的海岸线在唐宋以前比较稳定。北宋时期曾在海边修筑数百千米的范公堤以防止海水入侵，堤坝以西地区曾是滨海潟湖，后来由于泥沙淤积，逐渐演变为内陆湖泊——射阳湖。在黄河夺淮期间（1194—1855

> 春天北上回"娘"家

年），黄河改道由苏北入海，携带的大量泥沙在沿海滩涂逐渐沉积，使海岸线向东推移。到明清时期，古射阳湖已离海很远，因黄河携带的大量泥沙的淤积而逐渐变浅，最终变成大小不一的湖荡和沼泽，即现在的里下河地区。在这个过程中，里下河地区始终是丹顶鹤的越冬地。

1855年，黄河北归，泥沙减少，废黄河三角洲受海洋动力的影响，沉积变慢，使海岸侵蚀后退。南部长江尾闾东移，长江和黄河入海的泥沙合并堆积形成江苏中部海积平原。据史料和地方志记载，1855年前，丹顶鹤越冬地分布在河南中州、开封至湖南洞庭湖、江西鄱阳湖、上海松江县（现上海市松江区）和整个江苏省一带，越冬栖息地面积超过8000平方千米。1855年以后，江苏中部海积平原逐步形成，河南地区人口增加，丹顶鹤主要栖息地向江苏滩涂迁移，于是有"吕四产仙鹤"之说。乾隆年间的《直隶通州志·风土志》记载："羽族以鹤为仙禽，产吕四者丹顶，绿胫，足有龟

> 湿地里的水鸟群

纹，绝不易得。"当时吕四是淮南的一个著名盐场，盐场周围有大片的草滩为"煮海为盐"提供薪柴，同时也为丹顶鹤提供了大片的栖息地。当地的自然环境条件对丹顶鹤来说是非常优越的。

清朝的《嘉庆重修一统志》中曾提到全国有4个产鹤之乡，分别是黑龙江、松江府、海州直隶州（今江苏省连云港市）和通州直隶州（今江苏省泰兴、如皋以东地区）。除黑龙江为丹顶鹤的繁殖地以外，其他3个均为丹顶鹤的越冬地，且都分布于当时的沿海地区。由此可见，到了清代，丹顶鹤的主要越冬地已经逐渐转移到江淮沿海一带人迹罕见的滩涂上。清朝末年，张謇在苏北滨海招股集资，开垦农田。1916年，南起启东吕四、北至响水陈家港，300多千米海岸线上的滩涂被围垦、开发，吕四附近的草滩也被垦为农田。此外，黄河北归以后，由于缺少泥沙的淤积，苏南地区大部分海岸线逐渐停止淤长，堤外的滩涂经过多年的开发，已没有大面积的沼泽湿地，使丹顶鹤失去了赖以生存的栖息环境。令人欣慰的是，由于射阳河口以南的滩涂仍在继续淤长，废黄河河口以北地区的土质黏重，脱盐困难，不利于开垦，仍留有大面积的原生湿地，为丹顶鹤的越冬提供了良好的条件。射阳河口以南的滩涂成为丹顶鹤当时的主要栖息地。

除沿海滩涂以外，长江中下游地区的内陆沼泽、湖泊也有丹顶鹤分布的大量记录。民国初期的《湖北通志》中记载："鹤，各县多有之。荆州江陵泽中多鹤。常取之教舞，以娱宾客，因名曰'鹤泽'。"此外，鄱阳湖、洞庭湖地区的地方志中也有丹顶鹤的记录。这些地区大面积的湖泊为丹顶鹤提供了适宜的栖息条件。洞庭湖湖区有一个湖泊因有丹顶鹤而得名"鹤湖"。太湖地区也有养丹顶鹤以怡养性情的人家。随着连年战乱，饲养、驯养丹顶鹤的习俗渐渐不复存在。中华人民共和国成立以后，由于保护工作没有能够及时开展，对丹顶鹤的猎捕行为也没有能够禁止，造成丹顶鹤的数量进一步下降。至20世纪70年代后期，我国丹顶鹤的数量仅为500只左右，零星分布于人迹罕至的内陆湖泊、沼泽湿地及沿海滩涂地区。

与其他地区一样，盐城自然保护区一直面临着保护和开发的矛盾。由于人口的急剧增长和土地资源的不足，人口和耕地之间的矛盾日益尖锐。为了改善土地供求状况，人们四处寻找未开垦的土地资源，政府也制订了一系列开发计划以扩大耕地面积。经过几十年的土地围垦与开发，内陆可供开发的土地已接近枯竭，人们便将目光转移到海边滩涂。初期，盐城自然保护区内的滩涂面积约有3000平方千米，约占江苏省滩涂总面积的63%，在各种开发活动中首先受到了严重冲击。20世纪80年代后期，盐城自然保护区潮间带一半以上的土地已被围垦开发，在保护区的缓冲带和过渡区也进行了多种类型的开发活动。

尽管盐城滩涂的丹顶鹤数量一直保持增长的势头，但在一些开发强度较大的地区，丹顶鹤的栖息地已受到了严重破坏，丹顶鹤的数量大大减少。这种情况在盐城自然保护区北部尤为明显。由于保护区北部地区的开发强度较大，在那几年里，丹顶鹤的数量明显减少。

当滩涂被开垦为农业生产用地后，农药和杀虫剂的使用给丹顶鹤的生存带来了严重威胁。丹顶鹤在麦田中误食有毒食物的事件时有发生。在保护区建立初期，每年都有丹顶鹤因误食含有农药的食物而引起中毒的情况发生。

　　此外，大规模的滩涂开发使丹顶鹤的有效生存环境破碎化，湿地缺水退化、石油开采、贝类捕捞等也使丹顶鹤的迁徙停歇地与繁殖地状况变得令人担忧。

　　生物学家认为，物种的灭绝过程可分为两步：首先，由于气候变化或

> 飞越湿地

丹顶鹤的前三趾发达，在同一平面上。丹顶鹤的后趾高于前三趾，且高度退化而无法抓握树枝之类的圆形物体，故不适合树栖生活。

栖息地破坏等自然或人为因素，曾经广泛分布的物种退缩到狭小的破碎化生境中；其次，一些小规模的随机事件，如性比失调、流行病、自然灾害等便可导致整个物种灭绝。由此可见，保护物种广泛的栖息地是非常重要的。目前，盐城滩涂的围垦和开发活动还在继续，大面积的滩涂被开发为农业生产用地。我们不禁为丹顶鹤而深深地忧虑，丹顶鹤的未来会是怎样的呢？它们在沿海的最后一块家园是否会像几个世纪前在内陆湖泊的家园一样消失呢？

幸运的是，近年来盐城自然保护区始终坚持"自然修复为主、人工适度科学干预为辅"的原则，对部分违规种养退出区域恢复原状后进行自然修复，对生态环境质量下降的部分区域进行湿地修复，实施了引水补湿、退养还湿、芦苇密度控制等修复工程。修复后的湿地生境质量明显改善。现在，这里已经成为生物多样性富集区域。

二 · 进驻响水滩涂

　　我第一次考察盐城自然保护区潮间带是在1985年的隆冬。当时我刚结束在南京林业大学的进修回到保护区工作，领导就派我到位于响水县境内的滩涂定点观察丹顶鹤的越冬分布情况，同时指导当地有关部门和单位实施对丹顶鹤越冬期的管理。因为前一年这一带曾发生了自保护区建立以来的第一起人为毒杀丹顶鹤的事件，在当地造成了恶劣的影响。而我则是保护区建立后派出到核心区以外进行定点考察与保护丹顶鹤的第一人。

　　接到任务后，我立即从盐城转车到滨海县的头罾港，在边防哨所借了一辆破旧的自行车，顶着6级左右的北风，历时2小时，来到了紧靠海边的三圩扬水站。刘站长和夏师傅热情接待了我，安排我住进站招待所。说是招待所，其实条件十分简陋。一个约15平方米的小房间里放了四张床，除此之外仅有一张破旧的长桌。窗户上应有8块玻璃，但完好的只有3块，其余则用纸箱拆下来的纸板代替玻璃。招待所距离大海500米，海风和每天两次的潮起潮落声时常把我从睡梦中叫醒。白天所用的淡水需用拖水车从10千米以外的地方运来。遇到雾天，出去跑一圈，脸上常粘着一层盐霜。

　　来到三圩不久，正赶上响水盐业公司在普港开盐场工作会议，公司负责人让我在会上向大家讲解丹顶鹤的价值与保护措施。从三圩到普港骑自

行车大约需要半小时。因为道路不熟，刘站长派夏师傅陪同我一起前往。会议下午3时开始，我和夏师傅2时20分就出发了。可是令我和夏师傅都没有想到的是途中要经过一条约15米宽的排水沟，原来上面架着一块木板，可当我们骑车来到这条排水沟时，才发现木板已经消失不见了。怎么办？夏师傅说："如果绕道而行，需要一小时才能赶到会场。"迟到一小时，工人师傅们会怎样看待我？！夏师傅看出了我的心事，对我说："要准点赶到，只有涉水过去了，这么冷的天气你能行吗？""我能行！"25岁的我豪气十足地回答道。军人出身的夏师傅听了我的话高兴地说："我就要你这句话，好样的，跟着我走！"他一边说话，一边带我沿着河边的盐蒿草滩往上游走，寻找河水较浅的地方。大约走了200米，终于发现了一浅水处。我们立即脱掉鞋袜，挽起裤脚，扛起自行车，走进寒冷刺骨的河水，屏住气快速地冲向对岸。

到了对岸，我们冻得浑身发抖，腿脚通红。我一看手表，时间快到了。夏师傅顾不上脚上的泥水，赶紧放下裤脚将自己冻得麻木的泥脚插进鞋里，我们骑上自行车，一起直奔会场。

> 雪中飞翔

　　结果还是迟到了5分钟，我连声说："对不起大家，我迟到了。"夏师傅赶紧抢着说："我和吕老师是涉水过河赶来的。"夏师傅一边说着，一边挽起了裤脚，露出了红红的泥脚，大家见状立即鼓掌。随后，我做了关于保护区鸟类资源与丹顶鹤种群现状及其保护目的、价值、意义和措施的发言，引发了与会代表的热烈讨论，收到了预期的效果。这次会议后，经常有热心群众打电话或直接到我的住处讲述有关丹顶鹤的情况，咨询与丹顶鹤相关的问题。丹顶鹤越冬期的安全保护工作越来越受到当地群众的重视。

　　考察后发现，响水滩涂属于侵蚀型海岸带，植物资源较少，仅有零星的盐蒿分布。水中含盐量亦较高，仅生存有少量水生生物，生物多样性程度相对较弱。

　　3个月后，丹顶鹤安全地度过越冬期，顺利北迁。我也完成了定点考察和保护丹顶鹤的任务，依依不舍地告别了朝夕相处的盐场朋友们，回到管理处接受新的考察任务。

三 · 骑自行车踏遍江苏沿海滩涂

完成了在响水县的定点保护与考察任务后，我和张寿华又接到了江苏沿海鸟类资源调查的任务。

张寿华和我同龄，我们曾经一起在南京林业大学进修，同时接受过著名鸟类学家周世锷教授的熏陶。接到任务后，我们立即制订了考察计划。春天，既是我们送走北迁的冬候鸟之时，也是欢迎夏候鸟迁徙至盐城沿海的时节。此外，盐城还是旅鸟迁徙路途上的"加油站"。这个季节可以见到许多平时难得一见的鸟种。

按考察计划，我们首先对保护区核心区和缓冲区内各类生境及栖息其中的鸟类进行了考察。

> 冰上散步

7月中旬，正是盐城地区开始进入高温期之际，我和张寿华骑着自行车，带上常用的考察工具和制作标本的用具，开始了江苏省海岸带鸟类资源考察的征程。

　　根据行程安排，我们首先从核心区向北至连云港。天还没亮，我们就出发了。尽管是早晨，但骑着自行车在高低不平的泥土路上行进也浑身是汗。

　　9时以后，热浪开始慢慢升起。我们来到一个盐场水库，一群海鸥正在水库上空翱翔。我赶紧停下车，举起望远镜，忽然发现一只未曾见过的海鸥。我向小张示意了一下，他便举起手中的照相机将其拍摄了下来。后

> 湿地中的安全岛

来通过辨认才发现原来是一只黑尾鸥的幼鸟，只是飞行在空中较难辨认罢了。

下午3时许，我们来到位于响水县境内的灌东盐场。这时的盐池和水库就像一只蒸笼，地面和水面上到处反射着强烈的阳光，令人晕眩。我无力地拖动着两腿，快要撑不下去了，早上出发时带的水已全部喝完，整个区域也找不到可饮用的淡水。我对小张说："抓紧时间向有住房的地方靠近，否则我们就要中暑了。"一旦中暑，就会影响到整个考察行程。我们不敢怠慢，赶紧向一处有三四户人家的方向走去。

走到房前一看，几户人家的门都已上锁，门前杂草丛生，一片荒凉，好

> 自由翱翔

江苏盐城国家级珍禽自然保护区为国际重要湿地，是我国境内迁徙丹顶鹤最大的越冬地。近年来，每年来此越冬的丹顶鹤维持在600只左右。

像许久没有人住过了。好在房前还有一口大水缸，我想虽然没人住，但下雨时总会有积水在里面。我们不约而同地向大水缸走去，上前一看，傻眼了。大水缸里约有上千只小水虫在半缸水里不停地上下翻滚，只听到小张"哇"的一声就瘫坐在了地上。看到小张的神情，我也禁不住坐了下来。半晌，我说："小张，我们还得想点办法喝上水，否则我们可能走不出这片湿地。"小张无精打采地说："是得想办法。"我掏出毛巾正准备擦脸上的汗水时，突然灵机一动。于是我对小张说："办法有了！""什么办法？"小张也来了精神。我将手中的毛巾挥了一下说："办法就在这毛巾上。"在他还没有缓过神来的时候，我已将毛巾的4个角拎起，慢慢地放进水缸里，水从毛巾的下方渗了进来，这样小虫子就被挡在了毛巾的外面，滤过的水也就比较干净了。尽管有些不太放心，但我们还是一股脑儿地将水喝进了肚子里。我们慢慢地恢复了体力，吃力地蹬着自行车，继续向陈港方向赶去。

我们完成了从核心区至连云港一线的考察任务后，紧接着又骑着自行车向南完成了至南通和上海崇明县（现上海市崇明区）的考察，历时两个月，行程1000多千米，记录到30多种留鸟、50多种夏候鸟、100多种旅鸟，并发现欧斑鸠、小苇鳽、绿喉潜鸟等10多种江苏省繁殖鸟类分布新情况。这一考察结果，为盐城自然保护区及江苏沿海鸟类数据库的建立和丹顶鹤越冬种群与栖息地管理决策提供了科学的依据。

四·一个真实的故事

"有一个女孩,她从小爱养丹顶鹤,在她大学毕业以后,她仍回到她养鹤的地方。可是有一天,她为了救那只受伤的丹顶鹤,滑进了沼泽地,就再也没有上来。

走过那条小河,你可曾听说? 有一位女孩她曾经来过。走过那片芦苇坡,你可曾听说? 有一位女孩,她留下一首歌……"

《一个真实的故事》歌声传来,它又一次令我彻夜难眠。

这首令我牵魂萦魄的电视剧主题歌,无数次地将我带回青年时代,回想起和歌中那个女孩朝夕相处的日子……

那是1986年的春天,我正在野外执行"江苏沿海鸟类调查"的任务,突然接到单位领导的通知,要我和严风涛一起赴黑龙江省扎龙国家级自然保护区考察学习,之后接徐秀娟一起回盐城自然保护区创建鹤类驯养场。

扎龙国家级自然保护区是我国建立的第一个以保护丹顶鹤为主的内陆型湿地自然保护区,区内建有我国第一个鹤类驯养场,工作人员中不乏国内一流的鹤类驯养专家。而我们将要接回的则是我国第一位驯鹤姑娘,她曾为党和国家领导人做过驯鹤表演。此时她刚从东北林业大学进修结业,将应聘来盐城自然保护区开展越冬地鹤类驯养繁殖与研究工作。

4月下旬,我们经过多日颠簸终于来到了心中的圣地——扎龙国家级自然保护区,这里是丹顶鹤主要的繁殖地。接待我们的是宋胜利和徐秀娟的父亲徐铁林,徐铁林是我国第一位驯养丹顶鹤的专家。在徐老师的精心安排下,我们提前完成了原定的考察学习计划。在即将结束扎龙之行之际,我们终于见到了企盼多日的徐秀娟。那天,她从东北林业大学(哈尔滨)赶到齐齐哈尔,下火车后立即来到我们的驻地。通过她父亲的介绍,我认识了这位已小有名气的驯鹤姑娘。初次见面,她不苟言笑,但亦落落

> 扎龙国家级自然保护区

大方，我为自己将来有这样一位同事而深感庆幸。

4月底，我和徐秀娟、严风涛带着来自哈拉海军马场的两只丹顶鹤蛋，登上了由齐齐哈尔开往南京的列车。在列车上，我初次感受到徐秀娟对工作的激情和一丝不苟的负责态度。正处于孵化期中的丹顶鹤蛋需要保持温度和相对湿度恒定，当时我们只能用简易的医生出诊急救箱，在里面放些药棉和两只热水袋及温度计、湿度计，靠频频更换热水袋里的热水来维持温度和湿度。从齐齐哈尔到南京，又从南京转车到盐城，两天两夜，徐秀娟始终把药箱搂在怀中，平放在自己的双腿上，不时地观察温度、湿度的变化。我们看她太辛苦了，想替换一下，她都以我们还未掌握相关技术为由婉言拒绝。到达盐城后，她因过度劳累而出现呕吐、头晕等症状，但仍然坚持夜间值班看守丹顶鹤蛋。就这样，经她精心呵护，这两只丹顶鹤终于在盐城相继出壳，创造了长途运孵两昼夜、行程上千千米并顺利出壳的国内新纪录。

　　小丹顶鹤的顺利出壳无疑是一件大喜事，它意味着在丹顶鹤的越冬地开展人工驯养繁殖、建立一个留鸟种群的设想开始步入实施阶段，并已初见成效。盐城市有关部门的领导纷纷前来看望徐秀娟和她精心哺育的两只小丹顶鹤，向她表示祝贺和慰问。对此，徐秀娟一方面表示感谢，一方面向他们说明：小丹顶鹤刚出壳，需要保持安静，更需要预防疾病，应尽可能隔绝与外界的接触。于是，我们的临时育雏室又恢复了平静。

　　刚出壳的小丹顶鹤需要特别的关照。调控温度、湿度，定时测量身高、称重，定时、定量喂水和喂料，及时清理粪便等，24小时不能离人，白天的工作更为琐碎。为了保证小丹顶鹤健康生长，徐秀娟总是坚持白天由她哺育小丹顶鹤，直到夜晚小丹顶鹤休息时，才放心让我值夜班。两周后，根据驯化与疾病防治的需要，我和另外两名小伙子一起，在徐秀娟的指导下，来到野生丹顶鹤越冬的原生滩涂上——一个原空军靶场废弃的观察哨所内，开始了创建我国南方地区第一个鹤类驯养场的历程。

　　这里是茫茫草滩，人迹罕至，生活条件恶劣。在这个异常艰苦的环境里，徐秀娟因水土不服出现了皮肤过敏反应。尽管如此，她仍以坚强的意志，克服种种困难，顽强地坚守在自己的岗位上。白天，她常常带领小丹顶鹤做散放驯化活动，并不时地用模拟野生丹顶鹤的鸣叫声和小丹顶鹤沟通。喂料前，她总是先把小丹顶鹤抱在怀里，然后再像母亲喂养婴儿一样喂着小丹顶鹤。她告诉我们："丹顶鹤是有感情的动物，我们要用心去和它们交流、沟通，只有这样才能真正达到驯化的目的。"经她这么一说，我忽然明白小丹顶鹤们为什么总是喜欢跟随在她的左右、一刻也不愿意离开的原因了。经过徐秀娟的耐心指导，我们初步掌握了喂养、驯化的基本要领，慢慢地也能独立工作了。

　　由于课题研究的需要，我暂时离开了徐秀娟和小丹顶鹤，但我和徐秀娟始终保持联系。一有机会，我就去鹤场看望同伴们和亲手喂养过的小丹顶鹤。小丹顶鹤一天天长大，徐秀娟时常蹲在小丹顶鹤旁边，用手轻轻地抚摸着它们。她带着小丹顶鹤下河，小丹顶鹤则围着她转个不停。

徐秀娟常常抽出时间到野外去做调查研究工作。有一次我应她之邀一起到射阳林场的竹林去看灰椋鸟。途中，我们一起交流工作、学习感受，了解水杉由"植物活化石"发展到遍地种植的过程，谈论鸟类的分类系统和本地区鸟类区系相互渗透特点……谈论最多的还是灰椋鸟，我向她介绍了灰椋鸟在当地的分布、生活习性等，讨论灰椋鸟为什么会集中数万只大群体在这儿集体过夜。傍晚时分，当一群群灰椋鸟陆续飞来时，我们开始了数量统计。从起初的小群到后来的大群，共计8万余只，它们先在竹林边的一片刺槐林集中，然后再集体翻飞、盘旋，确有遮天蔽日之感。从未见过如此壮观场景的徐秀娟被这喧闹的灰椋鸟盛会所感染，情不自禁地欢呼雀跃起来。当晚回到单位后，她立即写了一篇散文《灰椋鸟》。

在徐秀娟与鹤相处、以鹤为伴的日子里，同事们被她认真的工作态度感染，亲切地称她为"鹤娘"。在养育雏鹤时，雏鹤稍有病态，徐秀娟就会将雏鹤抱在怀中仔细观察，晚上还把它带到自己的床上一同睡觉。雏鹤将腥臭的鹤粪拉在她的身上、被子上、席子上，她毫不在乎。对此，小丹顶鹤们也给予她最真诚的回报——形影不离地跟随在她的左右，一时不见便连声惊叫。当小丹顶鹤能展翅飞翔时，始终愿意在她的引导下盘旋于空中，最后重新回到她的身边降落，并用它们那特有的长喙"亲吻"着她的手背、衣角等。此情此景怎不让人为之动情！

> 丹顶鹤"龙龙"

然而，不是所有的付出都能得到回报。在徐秀娟驯养过的丹顶鹤中，有一只叫"龙龙"的丹顶鹤，它一生起病来就特别严重，徐秀娟不分白天和黑夜地守候在"龙龙"的身边，按时定量地给它打针喂药，却一直不见效。连续十几天，"龙龙"不肯吃食物，徐秀娟也毫无心思吃饭。一天夜里，"龙龙"突然口吐鲜血，病情加重，徐秀娟急忙叫来同伴看守，自己冒雨步行到4千米外的小镇医院去买药。漆黑的夜晚，伸手不见五指。一阵海风刮来，

逼得她连退几步，突然脚下一滑，跌下了海堤，她爬起来，踉踉跄跄地又上了路。可当她带着药品赶回"龙龙"身边时，"龙龙"已经死了。徐秀娟一下子扑过去，双手抱着死去的"龙龙"号啕大哭。一连几天她看着和"龙龙"的合影照片，不停地呼唤着"龙龙"的名字。悲伤的情绪渐渐稳定下来后，她在这张照片的背面写道："'龙龙'再也得不到我对它的爱了，它的死亡使我的人生有了转折。我选择了一条更崎岖的路，也许青春的热血将洒在这条路上，一生将为此奋斗。"

　　1987年7月底，内蒙古自治区达赉湖国家级自然保护区赠送给盐城自然保护区的两只大天鹅接连生病。徐秀娟把它们带回宿舍，打针、喂药、喂水、喂食。天鹅不进食，她买来鸡蛋，煮熟后用手搓成条状拌上白糖塞到它们的嘴里。晚上，因天鹅体形较大，她只好让它们睡在床边，方便她在床上时时观察病情。小小的宿舍成了天鹅的病房，怪味熏人，她却在里面一待就是几十天。天鹅的病终于治好了，它们又开始了自由自在的生活。

同年9月15日，天降大雾，康复后的天鹅突然从河里飞走，不知去向。徐秀娟和她的伙伴们寻遍滩涂，终于找回了一只，但另一只仍杳无音信。次日，大家再次分头行动寻找飞散的天鹅。下午4时左右，徐秀娟终因疲劳过度，又未能正常吃饭和休息，在过河时因体力不支而溺水身亡，时年不满23岁。

她走了，带着无限的眷恋，离开了她亲手驯养的丹顶鹤、白天鹅和朝夕相处的伙伴们，悄悄地走了……

为了完成徐秀娟留下的科研任务，实现她的遗愿，我在征得领导的同意后，毅然来到了鹤场。

经过我们大家的共同努力，徐秀娟留下的研究课题于1994年取得了全面成功，顺利通过了国家环保局的鉴定，且多项研究成果填补了国内空白。

> 在雪地里寻找食物

> 求偶时的舞蹈

　　今天，人们仍然在到处传唱着《一个真实的故事》。虽然故事的主人公徐秀娟已远离我们而去，但是她热爱丹顶鹤、热爱天鹅而演绎的人与自然和谐相处的动人故事，依然在大地上、山川间、蓝天里回荡。

五·考察核心区潮间带

1988年隆冬的一天早晨，我和同事杜进进陪同南京林业大学姚敏、杨伟国两位老师以及周世锷教授的研究生姚孝忠对丹顶鹤越冬期分布动态，特别是在潮汐退却后丹顶鹤以及其他水鸟的动态分布进行了深入的考察。

我们计划先去射阳盐场水库考察。当天早上9时许，我们一行人骑着自行车顺利到达。因水库面积有10平方千米，我们决定分成两个小组分别进行种群和数量调查。当天我们分别用样方和直接计数法对水库内的30多种水鸟进行了调查统计，2小时后结果出来了：丹顶鹤27只，东方白鹳4只，黑鹳2只，普通秋沙鸭1200多只，其他水鸟合计9万多只。

结果统计出来后，已到吃午饭的时间。原计划是在盐场的一个节制闸管理站吃午饭，那里是我们野外考察的定点用餐处，但当我们骑车赶到后才发现大门已关。大伙儿忙了一个上午，饥寒交迫，得赶紧找点吃的。

我们一行人又来到离盐场最近的一个居民点，那时已过下午2时，这里仅有的两三户人家也早已吃完午饭又回到滩涂上去作业了。唯一的一个小商店还开着门，走近一看，货架上确实有一些食品。我顿时来了精神，大声问道："有人吗？"从里屋走出一位中年妇女笑容满面地问："想买点什么？""吃的。"我答道。"只有月饼，时间比较长了，可能不太好吃。""拿来看看吧！"打开一看，月饼上面已经有了霉斑。中年妇女见状热情地说："要不，我给你们做点饭吧。"我们一阵激动，可看看时间已快到3时，如不抓紧出发，原定考察核心区潮间带的计划就要落空。经大家商量后，还是决定带上发霉的月饼边走边啃向着目的地行进。

我们回到节制闸，从那儿翻越海堤，进入黏土泥滩。为了节省体力和时间，我们脱掉了长靴子，赤脚跋涉。天气异常寒冷，每个人都被冻得浑身颤抖，特别是身材娇小的姚敏老师，脸被冻成了青紫色。为了不让一个人

> 湿地里的芦苇花

掉队，我们手挽手并肩前进。最危险的是过潮水沟。潮水沟是在潮起潮落过程中自然形成的，在沟内和两边都是流动着的活泥沙，一不小心滑进沟中，就会陷进半人深甚至一人深。为确保安全，每过一次潮水沟，我们都用手中的树枝试探着，一人先过去，接着将树枝传给另一个人，而这个人必须一只手抓着树枝，另一只手再握紧后面同伴的手。就这样，我们渡过了一道道难关，走到了目的地。大家顾不上休息，各自拿起了望远镜向着南边的核心区潮间带瞭望，只见远处隐隐约约有一群大黑鸟在泥滩上觅食。"快架高倍望远镜！"我兴奋地叫着。杨伟国老师立即架起了单筒高倍望远镜，对着那群大黑鸟仔细观察，确定是雁类。经大家仔细辨认，最后一致确认为红胸黑雁，这是江苏省鸟类分布新发现。此外，还第一次记录到了10多只丹顶鹤及其他水鸟在潮间带的觅食行为。

天色渐渐暗了下来，我们不免紧张起来，得赶紧往回走了。我们还是手挽手并肩走，比来的时候速度快了许多。当我们赶到放自行车处时，天已完全黑了下来。顾不得其他,我们摸着黑往回赶,路两边全是荒草滩,空无一人,只有鸟儿在鸣叫,路边草丛中不时地窜出野兔之类的小动物。在鸟兽的一路护送下,我们拖着疲惫不堪的身体终于回到了管理处。

管理处办公室的张主任早为我们准备好了饭菜,没容我们休息,就将我们径直带进了食堂:"抓紧吃饭吧,一定累坏了。"那晚我们都喝了白酒,连平时从不喝白酒的姚老师也破例了。

六 · 抢救受伤的丹顶鹤

　　1996年12月下旬的一天，晚8时许，盐城自然保护区鹤场的电话铃骤然响起，我拿起话机。"喂，你是保护区鹤场吗？""是的，请问你是哪里？"对方是附近中路港乡望鹤村的一位徐姓老汉，他当天下午4时许在察看自家的农田时，发现一只丹顶鹤卧伏在田边的小水沟旁。当他走近时，丹顶鹤挣扎着已无法站立，更谈不上奔跑飞翔了。徐老汉赶紧将丹顶鹤抱回自己的家中，用准备喂小猫的小鱼喂丹顶鹤。丹顶鹤一会儿就吃了十几条小鱼。徐老汉很高兴，心想着得赶快将此事报告保护区的管理部门。可是老伴回老家了，家里又没有电话，若是跑出去打电话，他又担心家中的丹顶鹤。于是徐老汉只好一个人守着丹顶鹤。直到晚上8时，附近的邻居来串门

> 在收割完的芦苇塘里觅食

时，徐老汉才得以借机跑到3000多米外的镇上拨打鹤场的电话。

得知这一消息后，我立即和兽医带上急救用品，驱车赶往徐老汉家。经详细检查，未发现丹顶鹤有外伤，也未发现身体消瘦等症状。后经会诊和现场调查，发现这只小丹顶鹤发生了食物中毒。辞谢了徐老汉后，我们立即将中毒的丹顶鹤带回鹤场治疗。第二天，这只中毒的小丹顶鹤就恢复了精神和体力。

这些年来，我们收治了多只受伤和中毒的丹顶鹤，有附近村民送来的，也有东台、滨海、响水、兴化、高邮、阜宁、建湖等地政府和群众收治后通知我们取回的，更远的来自秦皇岛。

鹤场在研究和驯养繁殖丹顶鹤的同时，也肩负着救护丹顶鹤等濒危珍稀动物的重任。但愿将来有一天，丹顶鹤和它的伙伴们不再遭受人为的毒害。

七·无悔科研探索路

丹顶鹤在越冬地的人工驯养和繁殖，是一门鲜为人知的自然科学，更是一项特别寂寞的工作，当然这一过程也很锻炼人。它要求科研人员不仅能吃苦，更要像绣花的人一样细心、像狙击手一样有耐心，还需要有严谨、认真、一丝不苟的科学态度。

丹顶鹤的孵化育雏，刚好在春、夏高温季节，整整三个多月里，我与同事们必须寸步不离地守护在孵化室。那时没有降温设备，我们就用一条湿毛巾裹在头上。等到小鹤即将破壳，我们就不停地"嘟、嘟、嘟、嘟"，模拟野外亲鸟的叫声，促进它早一点破壳。

雏鹤在我们的呼唤声中出壳了，它们第一眼看到的就是我们这些驯养员，也就很快产生了印记行为，把我们当成它们的妈妈。看着幼小的丹顶鹤在我们的精心照料下站立起来，一步一步，像孩子一样迈开脚步，那样的情形，真就像看到自己孩子在成长而感到欣慰。

看着雏鹤慢慢朝前走，走出小屋，走向草地，飞上蓝天。我们用一声声"鹤语"，用带着特殊情感和灵魂的语言，和这些新的生命交流。在芦苇花飘飞的季节里，丹顶鹤千里迢迢，翩然而至。待到春天来临，这些湿地的精灵，又舒展翅膀，一路北归，努力完成自然赋予的壮举，谱写着坚持不懈的生命礼赞。在看到这样场景的那一刻，我是幸福的，我总坚信那里面一定有由我带大的丹顶鹤。

> 芦苇花飘飞

为了一次科考任务，我和同事们一早趁着退潮前往海中的东沙岛，但等到回程涨潮的时候，却遇上罕见的十级大风。"我一生中没见过这样的潮水"，我的同事是这样描述的。潮水把浪头打到船只的驾驶室里，风浪和眩晕一起狂

丹顶鹤的身体几乎为白色，喉、颊和颈的大部分呈暗褐色。额和眼先微具黑羽。两翼形阔，大多为白色。次级和三级飞羽黑色，延长弯曲呈弓状，羽端的羽支散离像毛发一般。当两翅折叠时，这些黑羽被覆于白色的短尾之上，往往被误认为是丹顶鹤的尾羽。丹顶鹤头顶的皮肤裸露，呈朱红色，似肉冠状，故而得名"丹顶鹤"。

袭而至，当时所有人员的手机信号都中断，一时引起了盐城市和东台市政府值班领导的担忧及家属们的恐慌。直到凌晨1时多，我们才回到岸边，党组织和亲人的担忧才得以解除……

我还记得，有一年的严冬时节，我和中科院的一位鸟类专家骑着摩托车在野外考察黑嘴鸥。平常走的一条小路已被海水冲蚀，为了赶时间，我们还是决定走这条破路，结果半路上车轮坏了，于是我们两人用背包绳拉车走了5000多米才走出滩涂。虽然当时天寒地冻，我们的衣衫却被汗水湿

透了。

　　一天又一天，一年又一年。因为一份使命和责任，也为了一份深情的嘱托，我在这片黄海滩涂上坚守了39年，用全身心的付出，迎来了一个又一个惊喜。保护区建立初期，鹤类驯养繁殖场几乎是一无所有。今天，在我们脚下的这片土地上，在我们几代科研工作者的共同努力下，丹顶鹤的人工驯养、育雏及繁殖等系列工作已经全部完成，成果多次填补国内空白。

> 丹顶鹤

八·盐城沿海滩涂湿地的生物多样性

　　盐城自然保护区内滩涂湿地广袤无垠，盐土植被不断发育完善，形成各种不同生境交替分布，不仅孕育了丰富多样的生物资源，更为丹顶鹤等珍禽提供了理想的栖息生境，为世界所瞩目。根据科考统计，保护区内共有动植物2179种。其中，高等植物有614种，动物有1565种，包括国家一级重点保护野生动物38种（鸟类27种），国家二级重点保护野生动物90种（鸟类73种）。

　　由此可见，该地区不仅是生物多样性十分丰富的地区，同时还是一些濒危物种关键的栖息地。

　　面对以经济建设为中心的新形势，在保护区的缓冲区和实验区，许多开发计划正处在规划、设计、论证及实施阶段。这种高强度、全方位、大规模的开发活动势必改变湿地的生态系统，并给丹顶鹤等水鸟及其他生物多样性保护带来影响。因此，协调自然保护和经济发展之间的矛盾一直是首要的重点研究课题。

> 起飞

根据越冬期的年度数量分布情况分析：丹顶鹤的越冬数量现在维持在600只左右，但分布范围却由原来的连续分布变为现在的岛状分布。目前，绝大多数丹顶鹤集中在射阳境内的黄沙港和大丰境内的王港之间的滩涂，分布范围大大缩小。

亲鹤交配前会将身边的幼鹤赶走。驱逐幼鹤的任务多由雄鹤担任，而雌鹤站在原地不动。有时雌、雄鹤一起驱赶幼鹤。亲鹤在驱赶幼鹤时十分凶狠，用嘴啄、用爪抓，甚至把幼鹤的羽毛抓掉。一般要将幼鹤逐出1000～2000米以外再返回原处，但不久后幼鹤又会回到亲鹤的身边。往往需反复驱赶多次才能把幼鹤赶走。离开亲鹤的幼鹤或单独活动，或与其他幼鹤结成小群，群中个体数一般为2～6只。

过去在盐城沿海滩涂除部分岸段分布着盐田扬水滩及粗放的苇鱼塘外，大多为原生滩涂，丹顶鹤的栖息地也以此为主。1986年前后，滩涂开发大规模兴起，但仍以苇鱼养殖及其他各类水产养殖为主，仍然保持着湿地的基本特性，因此吸引着大量的丹顶鹤群来此觅食栖息。从此，越冬期丹顶鹤在盐城沿海滩涂人工湿地中的分布数量超过来此越冬丹顶鹤总数的一半。

丹顶鹤对栖息环境的特殊生物学要求造成其对生态环境质量的高度

敏感，部分地段滩涂因开发强度增大，人类活动频繁，干扰了丹顶鹤群的正常栖息，导致丹顶鹤栖息范围进一步缩减。此外，工农业生产造成的环境污染使总体环境质量下降，影响了丹顶鹤的生命活动，部分地段的自然环境已不能满足丹顶鹤对栖息环境的基本要求。因此，如不采取谨慎的科学态度去改变现状，那将严重威胁当今世界最大的丹顶鹤迁徙种群的生存与发展。

为此，保护区开展了湿地生物多样性恢复，明确修复湿地的类型和存在的主要威胁因素，根据湿地生态系统环境条件、地带性规律等，结合国内外先进的修复技术制订修复方案。除湿地修复工程之外，还根据湿地关键类群的变化情况、施工影响情况进行植被恢复、设置生态岛、增殖放流等工作，以吸引丹顶鹤等水禽来此栖息，恢复动植物的多样性和丰富度，保持生态系统稳定。

九 · 环境因素与丹顶鹤的越冬行为

丹顶鹤的越冬行为具有一定的基本规律,但常常受气候、食物、水源和安全度等因素的制约,在一定的时空范围内产生相应的适应性变化。

气候因素

气候因素对丹顶鹤越冬行为的影响主要表现在迁徙、集群及日常行为等方面。

正常情况下,每年2月下旬至3月中旬为丹顶鹤的春季迁徙期,绝大多数群体在这一时期陆续迁出盐城沿海滩涂。

迁徙过程也是一个集群过程,春季迁徙以中期集群最为壮观,日迁飞最多时有近300只,最大迁飞鹤群的成员有上百只。早晨因气温较低,迁飞鹤群相对集中,无明显的队形,也不发生盘旋现象,却边飞边鸣,形成迁徙鸣声。上午9时以后,气温渐渐升高,迁飞鹤群相对分散,但仍以集群的形式迁飞。各群之间的距离也较近,并可分辨出一定的队形,如"一""八""人"字形或松散群。家族群则保持着"一"字形和"人"字形两种形式。一般15只以上的鹤群无明显的队形。中午前后迁飞的鹤群常常有盘旋行为,在盘旋中变换队形。迁徙过程中如遇到冷空气,有再回迁的现象发生。

鹤群往往要经历四五次的寒潮才能完成秋季迁徙活动。从第一批鹤群到达(10月中下旬或11月上旬)越冬地至越冬群体数量相对稳定,需2个月左右的时间。秋季迁徙和春季迁徙不同的是,每次都是在北方强冷空气的影响下向南推进,因此鹤群不发生盘旋行为,也不发生迁徙鸣声,迁飞的速度和高度也高于春季,集群数量则以中后期居多。每次寒潮过境,次日早晨就会发现观察区内鹤群的数量猛增。据此可知鹤群秋季的迁徙是在偏北风的带动下,于晚间抵达越冬地滩涂。

食物因素

温度持续低于−4 ℃,地表易出现冻土层(多在1月份),当冻土层的深

> 出发前的准备

度达10厘米时，丹顶鹤的正常取食就变得困难了；地表积雪覆盖达到10厘米以上，也会影响丹顶鹤的正常取食。遇到上述两种情况时，部分鹤群便转移至潮间带觅食。此外，我们也会在鹤群原觅食地人工投放饵料，以弥补丹顶鹤野外取食量的不足。

若越冬期降雨量偏少，则会形成干旱。滩涂缺少雨水滋润，空气相对湿度下降，土壤水分蒸发导致沼泽干涸，以湿地为生的各种低等生物便会因缺水而死亡。湿地生物量下降，丹顶鹤的食物来源减少，最终会导致其基本的生存环境受到冲击。这时，鹤群就会纷纷进入周边的冬麦田取食刚出青的麦子，从而在短期内改变其原有的食物结构。

水源因素

干旱季节丹顶鹤在觅食区觅食，因缺少水源而无法正常饮水和洗喙，所以在傍晚进入夜栖地后就会迫不及待地大量饮水，从而改变了非干旱季节进入夜栖地后先鸣叫再适当饮水的行为节律。饮完水后的丹顶鹤还会花上一些时间洗喙，整理好羽毛后才休息。

安全度因素

丹顶鹤在人工湿地虽能在较短的时间内获取较多的食物，但与原始滩涂觅食区相比，它们花费在警戒上的时间要高出近一倍。在自然条件下，丹顶鹤的觅食点一般距离人群200米以上，但如果乘车路过有鹤群的地段，人群与丹顶鹤的距离可近至50米左右，人群与个别家族鹤群的距离可近至30米。在淡水养殖区域放水捕捞作业段，因食物相对丰盛，鹤群与人群距离可近至100米左右。当气温降至−8 ℃以下时，人与鹤群的距离可适当缩短，最近距离仅30米。

这表明，不同的环境条件下，安全度在丹顶鹤觅食行为中的反应存在一定的差异性，这种差异取决于丹顶鹤能否获取足够的食物。

因此，气候、食物、水源、安全度等是影响丹顶鹤越冬行为的主要因素，尤其是气候条件对丹顶鹤等鸟类的直接影响是巨大的。气候条件的变化一方面引起丹顶鹤生理上的变异及数量、分布和生活方式的变化（如温度变化引起生殖腺发生变化而引发迁徙）；另一方面也使生物链发生一定的变化，从而对丹顶鹤的生活产生影响。持续低温导致的冻土层、降雪覆盖地面、降雨偏少形成季节性干旱，都将造成丹顶鹤取食困难。相对而言，前两项的影响是短暂的，后一项的影响则是长期的。为了减轻对丹顶鹤觅食、数量、分布方面的负面影响，盐城自然保护区管理处根据本地沿海滩涂演变规律，遵循湿地特性，经专家论证和政府审批后，在该保护区的核心区边缘地带建了一处人工湿地，通过人工调节季节性水位和水生生物来改善丹顶鹤越冬栖息地的条件，作为对原生滩涂觅食区的一种适度调节和补充。

十 · "红海滩"上的丹顶鹤

　　所谓"红海滩"，是指滩涂盐碱地上生长着的大片叫赤碱蓬的植物，这是唯一一种可以在潮间带盐碱土上生存的草。赤碱蓬每年4月伸出地面，7~8月开始微微泛红，9~11月中旬即变得鲜红，连成一大片足有100平方千米，常被人们形象地称为"红海滩"或"红地毯"。赤碱蓬无须人工播种和耕耘。一簇簇、一蓬蓬，成片地生长在盐碱地里。夏季涨潮时它们常被潮水淹没，而当潮水退落后它们又重新露出了笑脸。

　　"红海滩"堪称"自然之谜""天下奇观"。20世纪60年代初，周边的百姓靠采摘赤碱蓬的叶、嫩茎、籽充饥，救活了许多人。所以，"红海滩"曾被称为"救命滩"。

　　"红海滩"是活的，它始终追逐着海浪的足迹。黄河、长江把大量的泥沙带入黄海，再通过潮汐的作用将大量的泥沙推向岸滩，令滩涂每年以一定的速度向海里淤长，"红海滩"一步也不停留，向前追赶着。

　　每年的8月份以后，便可出现滩红、苇绿、海碧、天蓝的壮美景观。到10月中旬，丹顶鹤开始出现在盐城自然保护区的核心区内，这时盐城沿海滩涂的气温仍然保持在10 ℃以上，"红海滩"还在努力地保持着最后的芬芳，迎接丹顶鹤的到来。

　　"红海滩"中有许多草籽和动物，不仅织就了以盐地赤碱蓬为代表的群落生态系统，而且为丹顶鹤的栖息和觅食提供了空间和机会。它和其他类型的群落生态系统交相辉映，

> 　　"红海滩"上的丹顶鹤

共同组成了滩涂湿地生态系统,为丹顶鹤种群在此顺利越冬提供了安全保障。

　　夕阳西下,金黄色的阳光照射在"红海滩"上,丹顶鹤也在抓紧一天中最后的机会觅食。它们时而昂首鸣叫,时而低头觅食。如果小丹顶鹤走远了,亲鹤们就一起鸣叫,呼唤它快回来。小丹顶鹤就像一个顽皮的孩子一样,磨磨蹭蹭地向亲鹤们走来。

　　太阳快要落山了,丹顶鹤一家开始向夜栖地飞去。

十一 · 丹顶鹤的"新家"——人工湿地

从1994年开始，根据保护区内自然条件与管理工作的实际需要，盐城自然保护区管理处在射阳县新洋港南岸、保护区核心区北侧边缘地带的2.2平方千米的草滩上建立了人工湿地的试验点。人工湿地南临核心区，北接新洋港暨西潮河入海河岸，滩面高程较高，为迅速淤长的淤泥质海岸地段。

> 鹤群

1994年春，保护区管理处自筹资金，在原始草滩上筑堤数千米，配套建了一个泵站，从内河引入淡水，保持水深0.5~1.5米，形成了一处三角形的人工沼泽湿地。在中间还建有两个大小、高低不等的土墩作为水鸟的停息点，并保留了部分苇草，为水鸟提供了一定的隐蔽条件。

1995年初，人工蓄水完成后，又适当放养了一些鱼苗，以提高水体的利用率。此外，还建了一个人工湿地管理工作站，以保证人工湿地的生态效益。

人工湿地为满足核心区及其缓冲地带生境多样化需求，促进生物多样性的保护与发展进行了一项有益的尝试。虽然人工湿地的面积仅有2.2平方千米，但由于它的周边地带均处于不同程度的保护之中，受其边缘效应的影响，能在一定的时空范围内发挥它应有的生态调节功能。人工湿地建成后水鸟动态分布的调查结果能直观地反映这一点。未建人工湿地之前，这里只在春夏雨季时才有部分积水，只有少量的普通燕鸻、灰头麦鸡、苍鹭、白鹭、斑嘴鸭、丹顶鹤等在此做短暂的停息。人工湿地建成后，先后招引了丹顶鹤、白头鹤、白琵鹭、黑嘴鸥等55种1万余只水鸟来此栖息和繁衍。

1995年初人工湿地蓄水后，正赶上丹顶鹤春季迁徙，核心区内的鹤群在此集群北迁，核心区以南地区的鹤群北迁时经过这里做短暂停息、饮水、补充食物后飞离。3月底丹顶鹤迁出后，还首次发现22只白头鹤在此逗留。冬季又发现21只白鹤与丹顶鹤及其他水鸟混群栖息，濒危的黑嘴鸥在繁殖前集群340余只来此活动，白翅浮鸥集群300多只在此营巢繁殖。鹬鸻类春秋迁徙时以此作为长途旅行的驿站，鹭类常年栖息，雁鸭类越冬集群时达1万余只。

对人工湿地最为敏感的还是丹顶鹤。1995年秋冬时节，保护区遭遇建区以来的又一次特大干旱灾害，核心区内的沼泽相继干涸，极大地影响了丹顶鹤的正常饮水、夜栖，但人工湿地在调节丹顶鹤越冬栖息过程中发

> 水中漫步

挥了明显的生态效应。丹顶鹤在白天的活动中常以人工湿地作为饮水区、洗浴区及觅食区,有部分家族甚至整天在这里觅食和栖息。核心区的大片沼泽,过去历年都是越冬期丹顶鹤最大的集群夜栖地,中秋时节尚有少量积水,丹顶鹤初来时仍以此作为夜栖地。入冬以后,积水逐渐蒸发直至完全干涸,丹顶鹤群迫于无奈,傍晚来到人工湿地内饮水、洗喙,之后有部分丹顶鹤群因为对原夜栖地充满了依恋,仍飞回原夜栖地停息。经过一段时间的适应,进入12月份后,在无人为干扰的情况下,傍晚飞来的所有鹤群已不再飞往原夜栖地,最大夜栖集群多达515只。

人工湿地的建立,对周围的河流、池塘、沼泽、潮水沟及河汊起到了有效的生态调节作用。本地区的湿地不同程度地受到海水涨潮和落潮的影响,即当潮水退落至平均高潮位线以下时,沿海滩涂露出水面,相关河流、沼泽的水位亦相应下降,部分底栖生物裸露,甚至有部分鱼、虾因未丹顶鹤丹顶的出现完全是一种正常的生理现象。它是由垂体前叶分泌的促性腺素作用于生殖腺，促其分泌性激素的结果。年幼的丹顶鹤没有丹顶标志，出现丹顶则说明它们已在不知不觉中进入了青春期。当丹顶鹤性成熟进入繁殖期后，它们的丹顶比平时更加鲜艳夺目。

及时随潮水退落而留存于低洼处，为水鸟提供了可口的饵料，这时吸引了大量水鸟在这些区域觅食。在遇到中潮或大潮时，食物来源减少或消失，相当数量的水鸟则重新回到人工湿地觅食和栖息。

人工湿地自建成以来，产生了显著的生态效益。首先是自身的环境得到改善，湿地功能得以恢复。在原草滩围堤蓄水后，各种草种或散落，或浮悬，底栖生物、水生生物等相继繁衍生长，水体内自然繁衍的小鱼、虾及人工投放的部分鱼、虾大量繁衍，这些都为多种水鸟提供了丰盛的食物。蓄水前未收割的苇草和蓄水后自行生长的水生植物，露出水面的部分又被白翅浮鸥、斑嘴鸭等水鸟作为巢材就地取用。其次是人工湿地的周围地带均处于保护区内不同程度的保护之中，受其边缘效应的影响，满足了该地带生境多样化需求。

人工湿地的建立以及它所产生的生态效益，是人工改造湿地、恢复其生态功能的一个成功典范，为湿地类型的自然保护区提供了可借鉴的管理模式。

第六章

丹顶鹤的行为

丹顶鹤是典型的以家族为基本单位的群居鸟类，对周围的环境具有高度的警惕性，同时还有敏锐的视觉和听觉……

GRUS JAPONENSIS

一·3岁开始"谈婚论嫁"

    丹顶鹤3周岁即到了青壮年时期，无论外形和体重都和成年鹤相差无几，也到了"谈婚论嫁"的年龄。每年春天，它们从越冬地经过长途跋涉，迁飞到繁殖地，稍做调整之后，就开始在它们的群体中进行一场浪漫的"恋爱"。

    丹顶鹤是通过鸣叫和舞蹈来向异性求爱的。进入繁殖期的青年鹤在异性面前的舞步饱含激情，充满对异性的好感与追求。这种舞蹈多由繁殖期的雄性丹顶鹤在雌性丹顶鹤面前展现。开始时雌性丹顶鹤无动于衷，但雄鹤依然一遍又一遍地、不厌其烦地变换各种姿态，力图将自己最美好的瞬间留给对方。若此时雌性丹顶鹤亮起翅膀，踩着旋律跳起来，那么雄性丹顶鹤的努力就算没白费，求婚已迈出关键的第一步。接下来便是对舞、

> 对鸣

对鸣。对鸣常由两只丹顶鹤的其中之一首先发起，一只丹顶鹤仰起脖子，喙尖朝天，发出洪亮的叫声；另一只丹顶鹤立刻附和，同样伸直头颈，仰天而鸣。不同的是，雄性丹顶鹤的喙尖与地面夹角较大，近乎垂直，发出单音节的"哦啊"声；而雌性丹顶鹤的喙尖与地面的夹角稍小，发出双音节的"嘎嘎"声。

    针对丹顶鹤中的"单身贵族"，我与同事们专门设计了一套配对方案。首先为它们建立单独的笼舍，造就一个安宁而且较为舒适的环境，让它们有想要成家的感

> "恋爱"中的丹顶鹤喜欢独处

觉。同时排除其他丹顶鹤的干扰，努力营造出一个"二人世界"。其次，我们开始模拟丹顶鹤的鸣叫声，为双鹤创造出共鸣。带领它们奔跑、跳跃，激发它们舞蹈的热情。另外，我们还会调整饲料结构，在饲料中添加维生素E，促进它们的性腺发育；按摩雄性丹顶鹤的双腿内侧、雌性丹顶鹤的背部，进行性刺激；增加它们野外散放和独处的时间，使它们逐渐了解对方，增加感情。功夫不负有心人，经过一番细心的驯化，我们终于发现有一雌一雄两只丹顶鹤开始对鸣，并联合起来攻击其他丹顶鹤……

　　我们将这对鹤一起转移到事先为它们准备好的"洞房"——四周无干扰的繁殖笼舍，让它们专心致志地在"洞房"里筑巢、产卵、孵化、出雏。由于"洞房"建在南方的越冬地，和它们祖辈选择的北方繁殖区在气候条件上有一定的差异，尤其是光照时间上相差较大，所以我们早已在"洞房"内为它们准备好了充足的光源——用人工的方法延长光照时间，初期每天增加0.5～1小时，以后相应地以10～20分钟的梯度增加，最后增至每日3小时。这样可以促进丹顶鹤性腺的发育，使其尽早进入繁殖期，以便在夏季高温期到来前结束繁殖。

双鹤在繁殖笼舍内首先会为它们的后代筑一个卵巢，供日后产卵孵化。卵巢主要是用芦苇秆做成的，在丹顶鹤开始叼啄地面杂草时，即意味着它要筑巢了。这时应及时投放芦苇，让其自行完成筑巢任务。个别的丹顶鹤会反复地筑巢，即筑好后，自己将其破坏，然后再重新筑，直至满意为止。巢一旦成形后，切忌人为改变它的巢形、巢位，因为丹顶鹤将爱巢视为神圣不可侵犯的领地，容不得不速之客的肆意侵扰，否则将造成丹顶鹤啄破卵壳的严重后果。

丹顶鹤在筑巢的同时还不忘完成交配任务。交配几乎每天进行，在清晨发生的频率最高，直到产卵后完全进入孵化期才结束。交配开始前，雄性丹顶鹤围着雌性丹顶鹤翩翩起舞，这时雌性丹顶鹤在雄性丹顶鹤的引诱下在原地做连续的舞蹈动作，然后张开双翅，背对着雄性丹顶鹤，并发出"咕咕"的叫声。随着叫声，雄性丹顶鹤展开双翅跳跃到雌性丹顶鹤背上，完成交配动作。交配结束后，雄性丹顶鹤从雌性丹顶鹤的前方跳下，双鹤立即引颈高声鸣叫，叫声响彻茫茫原野，达数千米，仿佛在昭示天下，它们完成了一项缔造新生命的伟大壮举。

丹顶鹤为"一夫一妻"制，双鹤一旦结成"夫妻"后，终身不再离散，即使配偶中的一方不幸死亡，另一方也不再嫁娶，充分体现了它们对爱情的忠贞和专一。但在人工驯养条件下，有重新嫁娶的例子。

1994年，经我们驯化并终成配偶的一对青年丹顶鹤，已连续两年成功繁殖雏鹤。不幸的是，这年冬天雌性丹顶鹤因病死亡，只留下孤零零的雄性丹顶鹤。闻其鸣声，确有悲哀、凄凉之感。

来年开春后，由于驯化工作的需要，我每天照例将未配对的青年鹤散放到笼舍外驯飞。在这群青年鹤中，我发现有一只雌性丹顶鹤每飞完一两圈后便离开它的伙伴们，来到雄性孤鹤的笼舍前，缓慢地踱着步，深情默默地注视着它，笼舍内的雄性丹顶鹤也以同样的方式和这只雌性丹顶鹤对视着……有一天，它们在我的口哨声引诱下，一个在内、一个在外隔着

> 涉水

江苏盐城海岸带位于中国东部海岸中部，是典型的粉沙淤泥质海岸。长江、黄河丰富的径流带来大量泥沙入海，并在海水潮汐作用下，造成了本地区海岸每年以不同的速度向东淤长。淤长的滩涂可不断为丹顶鹤提供新生的栖息地。海岸带的滩面宽阔平坦，物种丰富、盐土植被类型齐全、生境多样，在平均高潮位至小高潮位之间生长着人工种植的大米草，有利于悬浮物质堆积，是丹顶鹤较为理想的越冬栖息地。

笼网开始有了共鸣，即丹顶鹤传统的"恋爱"方式——对鸣。看到双鹤这一令人兴奋的举动，我赶紧将雌性丹顶鹤放入雄性丹顶鹤的笼舍，雄性丹顶鹤立即迎上来，以示欢迎，很快双鹤就跳起了欢快的"双人舞"。几年来我用同样的方法为另一只孤鹤当"红娘"，也取得了成功。

二 · 双鹤共同哺育后代

丹顶鹤和其他鸟类一样，以卵生的方式来繁育下一代。

繁育在春天进行，一般在筑巢结束后2~3天的早晨。丹顶鹤每年仅产1~2枚蛋，极少数产3枚蛋。产蛋前雌性丹顶鹤极度不安，在巢穴周围踱步，并不停地张望或远眺。在无异常的情况下，雌性丹顶鹤步入巢中，用喙整理巢形，接着跗跖关节着巢、伏卧、5~20分钟后，头胸抬起，呈"观星"状，经几十秒钟产下蛋。产完蛋后雌性丹顶鹤站起来，观察巢中的情况，用喙钩翻动鹤蛋，让其转动角度。整个过程中，雄性丹顶鹤伫立一旁，始终处于警戒状态。第一枚蛋产下后，间隔1~3天再产第二枚蛋。

丹顶鹤有补蛋的习性。由于丹顶鹤产蛋数量有限，为了提高丹顶鹤的繁殖率，我们便将丹顶鹤所产的蛋取出来，迫使它再补产一枚蛋，通过这种方法，可以使一只雌性丹顶鹤在繁殖期产蛋5~8枚，甚至有过产下22枚蛋的记录。我们将取出来的鹤蛋进行人工孵化，极大地提高了丹顶鹤的繁殖率。

为什么把蛋取走后，丹顶鹤还能再产蛋呢？原来，丹顶鹤处在繁殖期时，能在激素控制下于腹部发育出一块无羽毛皮肤区，即孵化斑。当鹤蛋产下后，将通过孵化斑进行有效的热量传递，完成孵化任务。所以，我们取走丹顶鹤早期所产的蛋之后，雌性丹顶鹤会尽快调控内分泌系统，再补产一枚蛋刺激孵化斑，以满足其繁殖要求。当然也有误将泥块、砖块等物体移至巢中进行抱孵的极个别例子。

鹤蛋呈钝椭圆形，蛋长107~115毫米，宽67~72毫米，重210~282克。蛋壳厚而结实，大多为灰褐色，少数为灰白色、淡绿色，钝端密布棕褐色或紫灰色形状不同、大小不一的斑点，愈近锐端色愈淡，斑点亦愈稀少。

丹顶鹤完成产蛋任务后，即进入孵化阶段。

丹顶鹤在自孵时，一般不需要特别照料，只要注意喂料时间相对固定和营养均衡即可。若遇上梅雨季节，则宜在停雨后喂料，这样才不会影响丹顶鹤的正常孵化。双鹤在31～33天的孵化过程中配合得十分默契，充分显露出"夫妻"间的恩爱与体贴。

通常情况下，双鹤轮流孵化，相对而言雌性丹顶鹤孵化时间略长于雄性丹顶鹤。一方孵化时，另一方除采食外，其余大部分时间用于警戒，承担护卫任务。而每次换孵时，一方总是催促被换孵的一方，让其早点起来休息、进食，别累坏了。其关爱体恤之情，让人类也为之感动。

鹤宝宝终于破壳而出，并不停地"叽叽"鸣叫。刚出壳时鹤宝宝不会自行调节体温，仍然需要钻进双鹤的翼腹下取暖。1天后，鹤妈妈用喙内渗出液喂小丹顶鹤。2天后，鹤妈妈再将食物分成小块叼在喙尖，并发出"咕、咕"的低鸣声，召唤小丹顶鹤自己啄食。小丹顶鹤听到召唤后，即"叽、叽、叽"地尖叫着寻找目标，一旦发现鹤妈妈喙尖的食物，便啄取后吞食。3～4天后，在阳光灿烂的气候条件下，小丹顶鹤已能随亲鹤在小范围内跑动，但亲鹤却要一边寻找食物喂小丹顶鹤一边还要防止蛇、鼠、豹猫等动物伤害小丹顶鹤。若是鼠和豹猫遇到小丹顶鹤一家，它们见到小丹顶鹤的

> 仰天而鸣

> 双鹤

爸爸、妈妈在一旁护卫，就会逃走。若是遇到蛇，鹤爸爸或鹤妈妈就会和蛇先对视一番，然后慢慢接近蛇至1米左右距离，伺机发起攻击。蛇则停在原地盘身昂头准备迎战，同时也在寻找逃跑的机会。有经验的丹顶鹤能在一番对视后，迅速准确地用长长的尖喙猛击蛇的头部，直至将蛇置于死地。

在夜晚或是碰上狂风暴雨，小丹顶鹤则会躲在亲鹤的翼腹下安全度过。

一周后，小丹顶鹤开始跟亲鹤学习取食本领。约3个月后，亲鹤便带领小丹顶鹤练习飞翔技巧。遇到大风天气，小丹顶鹤不再躲避，而是亲鹤在前，小丹顶鹤紧随其后，迎着风向前奔跑助飞。开始从几米到几十米，经过反复练习，最后终于跟随着亲鹤自由翱翔于蓝天之中。

从此，小丹顶鹤便具备了基本的生存本领。一年后，在它们的妈妈、爸爸再次进入一年一度的繁殖期时，小丹顶鹤被迫开始独立的生活。两三年后，它们也到了谈婚论嫁的年龄，开始建立自己的家庭。

三 · 喜欢集体活动

丹顶鹤每年10月下旬至翌年的3月上中旬在盐城自然保护区内越冬，个别年份可提前至10月中旬迁来，迁出时也有少数个体推迟到4月上旬飞离。秋末，丹顶鹤迁徙期结束后，种群相对稳定在一个较大的区域范围内栖息。根据越冬期丹顶鹤的日活动规律，我们将丹顶鹤的栖息地划分为日栖地和夜栖地。夜栖地即夜间栖息地，它和隐蔽条件（安全度）密切相关；日栖地即白天栖息的区域范围，它除了和安全度有一定的联系外，食物资源和取食条件也会影响丹顶鹤的日活动范围和行为节律。经过多年的观察，我发现越冬期丹顶鹤集群行为主要有迁徙集群、夜栖集群、低气温集群等。集群与气温密切相关，其他的自然条件与环境因素也会对集群产生直接的影响。

每次寒潮入侵时都会引起丹顶鹤们集群，寒潮过后丹顶鹤们又相对分散。10月中下旬，首次寒潮袭来时最低气温一般在0℃以上，以后每出现一次寒潮，气温都会下降一次，12月至翌年2月间气温常达到最低点。虽引起丹顶鹤集群的气温不尽相同，但集群数量最多的时期均是冬季最低气温期，一般持续一周以上。

清晨，丹顶鹤从夜栖地飞往觅食地，开始一天忙碌的生活。当温度在−9℃以下时，丹顶鹤群在晨飞的过程中部分个体有收缩双腿屈于腹下的行为。丹顶鹤群飞达觅食地后，多迎着强风取食。在低温期的晴天及微风等基本条件下，丹顶鹤群往往随着太阳光照射的角度转换身体方向进行觅食。当早晨太阳光从东向西照射过来时，丹顶鹤头朝西背向东觅食；下午，太阳光从西向东照射时，它们又将头转向东，背朝西觅食，用覆于尾上的黑色飞羽吸收光能。

> 腾飞

集群迁徙

迁徙是鸟类对改变了的环境条件的一种积极适应的本能。丹顶鹤每年春去秋来,周而复始。

每当春回大地,万物开始复苏之时,在越冬地日平均气温高于3℃,日最高气温达10℃以上,晴天或少云,静风或5级以下偏南风等气候条件下,丹顶鹤便开始了春季的迁徙。迁徙前期和后期以集小群为主,中期则是迁徙集群的鼎盛时期。丹顶鹤在经过夜栖集群后,早晨6时便开始集体鸣叫,叫声高亢,此起彼伏,数千米之外都能听见,持续0.5~1小时。随之做短暂的分散觅食后,集群再次向北迁徙。开始集群北迁时只是一个松散的大群体,无规则可循,亦无盘旋现象,且飞行的最低高度仅有15米,时速为24~36千米,边飞边发出迁徙的鸣声。9时以后,迁飞群相对分散,但仍以集群的形式迁飞,群与群之间的距离亦较近,并可分辨出一定的队形。队形主要为"一""八""人"字形和松散群,家族群迁飞时保持"一"字形或"人"字形。迁飞群越大越无规则，一般15只以上的丹顶鹤群看不出明显的队形。迁飞过程中丹顶鹤群时常变换队形，尤其是在做盘旋飞行的丹顶鹤群，在盘旋过程中即开始变换队形。盘旋一般亦发生在9时以后的迁飞群中，丹顶鹤群在高空中展开两翅，成圈状滑翔，盘旋2～10圈，直径200～1500米，时间为2～5分钟，最高高度可达100米以上。迁飞途中遇到猛禽进攻时，丹顶鹤群几乎不予理睬，只是略微调整一定高度后，继续前飞。丹顶鹤群迁徙过程中有因遇到冷锋后再回迁的现象。

秋季，受寒潮影响，丹顶鹤的繁殖地北方地区日平均气温低于3 ℃时，丹顶鹤便开始向越冬地迁飞。集群则以迁徙中后期为主，每次都在北方强冷空气的影响下向南推进，直至到达越冬地。秋季迁徙时，丹顶鹤群没有盘旋、迁徙鸣叫等行为，但秋季迁徙中后期的速度高于春季，集群数量亦大于春季迁徙集群。

降温之后集体觅食

丹顶鹤迁徙至越冬地后，每出现一次寒潮便发生一次较大的集群行为，但寒潮过后，即使气温仍未回升，鹤群亦会再次分散觅食。初期，在环境温度降至8 ℃时即有集群行为发生。当秋季迁徙结束，越冬群体进入稳定阶段，环境温度降至-4 ℃以下时，几乎每天都在觅食过程中发生较大的集群行为。晴天的中午前后丹顶鹤群较为分散，但有集群午休或嬉戏的行为，其他时间均以集群的形式觅食、寻食、行走、飞翔等。温度降至-7 ℃以下时，丹顶鹤群早晨从夜栖地飞到觅食地后，因滩面出现冻土层，给觅食活动带来了一定的难度，所以丹顶鹤群全天的时间都用于觅食，在飞往夜栖地之前半小时，有些丹顶鹤会加快步伐寻找食物，取食的速度亦比白天快，显然这是白天取食量不足造成的。

四·夜栖

　　我与同事们挑选了一个丹顶鹤夜栖地的观察点，这个观察点为保护区核心区的一个5平方千米范围的芦苇丛水洼地。这里的芦苇丛疏密参差，水洼区域很小，水深仅30厘米。这个观察点的最大好处是人迹罕至，比较安全。

　　11月中旬的江苏盐城，凌晨5时，天刚刚露出一丝亮光。借着这一丝亮光，依稀可见隐于芦苇丛中的丹顶鹤的身影。当我们距离丹顶鹤约60米时，所有的丹顶鹤仍在睡梦之中。15分钟后，有一只丹顶鹤开始缓步走动，距离我们约50米，这显然是一只担负警戒任务的丹顶鹤。几分钟后，它返回原处。约5分钟之后，这只警戒鹤又向刚才的方向走去，身后紧跟着7只丹顶鹤，排列成一纵队。在警戒鹤的带领下，这7只丹顶鹤边走边伸颈探

> 水中嬉戏

> 湿地上空的水鸟

头。突然从西南方向上空飞来3只丹顶鹤，当它们在空中发现潜伏在芦苇丛中的我们时，其中的一只丹顶鹤仅发出一声短促而低沉的鸣叫，地面上的丹顶鹤立即惊飞而去。这一干扰，致使它们提前晨飞（11至12月丹顶鹤的晨飞时间通常为6时20分至6时30分）。

由于夜栖地与觅食地相距很近，丹顶鹤们很快就飞到了觅食地，但它们并不立即觅食，而是先排成横列，警惕地注视着四周。间或有2～3只丹顶鹤展翅、跳跃，状似舞姿，但此态转瞬即逝。丹顶鹤一般在飞抵觅食地15分钟后才开始觅食，觅食时各家族中的丹顶鹤们轮流担当警戒的职责，警惕地注视着四周。

傍晚，丹顶鹤返回夜栖地后并不立即停止活动，它们在夜栖地或缓步行走，或水中啄食，或梳理羽翼，或站立观望，但活动范围很小。晚上6时以后，它们才回到邻近的芦苇丛中，但仍有少数丹顶鹤在走动。

在丹顶鹤进入夜栖地至入睡前，常能听到它们高亢的鸣叫声。

晚上9时，丹顶鹤们大多安静下来。每一家族的个体间相距1~3米，而各家族间的距离要大得多。曾见过15只丹顶鹤群稀疏地散立在约100平方米的芦苇丛间。夜间，有时幼鹤离开亲鹤稍远些，亲鹤即发出"嘟嘟嘟嘟"的低鸣声，幼鹤闻声即回到亲鹤身边。深夜的鹤群极其安静，仅间断地听到个别丹顶鹤的几声低鸣，不过这并不会惊动丹顶鹤群。

入夜，栖息中的丹顶鹤一旦发现有异常情况，会立刻警觉起来。从发现异常、报警到惊飞的整个过程极为迅速。一次我们在近距离观察一个丹顶鹤群时，丹顶鹤群发现异常，立即发出"盖盖盖"的低鸣，当它们确认危险已经逼近时，即由一只丹顶鹤首先发出警报信号，其声甚小，略似人发出的急速的"嘟嘟嘟嘟嘟嘟"声。此声刚停，群鹤惊飞扑翅，并伴随高声惊叫"嘎嘎嘎嘎……"数声，飞远后鸣声又转为急促的"嗥嗥嗥嗥……"，鸣叫30余声而止，此时已飞离我们很远了。

当丹顶鹤深睡时，它们将喙插入翅下，单足独立而眠。在深夜曾偶见丹顶鹤轮换左、右足休息的情况。凌晨5时左右，丹顶鹤尚未开始活动前，已缩颈而立，不似夜间的入眠睡姿。

五 · 家族

丹顶鹤在越冬地均成大群活动,但在大群中,仍以家族为单位一起觅食。常见的家族有三种形式。

三口之家里雌鹤、雄鹤及当年生幼鹤各一。幼鹤位于双亲之间,紧靠雌鹤一侧,个体略小,体羽白中带褐,初级飞羽黑中显灰,对双亲(特别是雄鹤)的报警鸣叫声无动于衷,只顾埋头啄食。掘土笨拙且无耐心,偶尔小步移动。雄鹤到稍远的地方觅食时,会不时地引颈瞭望雌鹤和幼鹤。

四口之家里有雌鹤、雄鹤及两只幼鹤。偶见两只亲鹤、一只幼鹤及一只两年生亚成年鹤组成的四口之家。

此外,还有两口之家。两口之家是指雌鹤与雄鹤已配对,但没有孩子或当年繁殖失败的家庭。它们形影不离,一起觅食时,雄鹤主动承担警戒的任务。

很少见到一只成年鹤、两只幼鹤和一只成年鹤、一只幼鹤的家族。

有一次,我们在鹤群中发现了一只孤独的丹顶鹤。它独自活动、独自觅食,且常常是回到夜栖地最迟的一个。有一次发现它在开阔芦苇地和苍鹭、野鸭在一起活动,比丹顶鹤群迟回夜栖地约20分钟。

孤鹤的孤独行为并非偶见,它是主动回避丹顶鹤群。每当丹顶鹤的一个家族在觅食时走近这只孤鹤时,孤鹤即谨慎地主动避开,从外表看孤鹤并不表现出慌乱。孤鹤回避的方式是主动绕过丹顶鹤家族。当家族中的一只丹顶鹤在觅食时走近孤鹤,两者相距约5米时,孤鹤即开始起步回避,但仅离开10米以外即止步。当家族中的个体再次走近孤鹤时,孤鹤再次回避。

两个家族在同一觅食地时,边觅食边向前走动,当双方距离比较近时,觅食的速度马上放慢,也有绕道而行各自相让的,但大多数是双方速度很慢地向前靠近,当靠近混成一群时,立即开始大声鸣叫、跳跃,表现

> 丹顶鹤进入夜栖地

出很亲热的样子，时间不长便各自分开继续觅食。家族间在觅食时不断混群，又分开。不管是在觅食地还是在栖息地，从没有发现相互追逐而争斗的情况。混群时，偶见为了觅食，两只雄鹤会发生一些争斗、追逐，但很快就平息了。

六 · 觅食区

由于受安全度、食物资源和取食条件等多种因素的综合影响，越冬期丹顶鹤对原始滩涂、水稻田、芦苇基地、鱼塘、生态工程（湿地恢复工程）、冬麦田和人工投料区始终处于动态选择之中。在冬季，除原始滩涂和冬麦田外，其他类型的觅食区均会受到人类活动的影响，同时觅食区内食物资源的丰度也常常变化。

原始滩涂区

原始滩涂历来是丹顶鹤冬季觅食的主要区域，但随着人类对原始滩涂日益频繁的开发，其面积在大幅度地缩减。因此，核心区内的原始滩涂对丹顶鹤的越冬栖息和觅食分布就显得尤为重要。这一区域分布着面积不等的盐蒿滩，獐茅草滩，高矮不等、疏密有别的芦苇滩，多种植物混生的草滩，潮间带泥滩等类型的觅食区。整个越冬期都有数量不等的丹顶鹤群交替分布在上述觅食区，尤其是早期迁来的丹顶鹤群，其夜栖地均选择此地。即使是在其他觅食区或环境内食物密度较大时，大批丹顶鹤群会阶段性地移至这些区域觅食，且仍选择在核心区内夜栖。丹顶鹤群白天在其他觅食区遭到威胁时也会立即返回核心区内，以躲避可能发生的灾难。在核心区内各种类型的觅食区中，潮间带泥滩的低等动物食源较为丰富，但常常受海水涨潮和落潮的限制，因此选择在此觅食的丹顶鹤群相对较少，其他区域在不同的时段都有较多的丹顶鹤群觅食。

水稻田区

这里的水稻田区特指位于射阳县的大片滩涂水稻田，它与大片的芦苇滩、大面积的鱼塘交汇，形成了受人类活动影响较小（尤其是冬季影响更小）的人工湿地生态系统。

在秋季的收获期，常有稻粒散落在地面无法收取，特别是在稻谷成熟遭遇暴风雨袭击后，导致大片水稻倒伏，收割时会造成更多的稻粒散落，这无意中给越冬期的丹顶鹤提供了丰盛的食源。入冬后，人类的生产活动相继停止，越冬的丹顶鹤数量渐渐增多，核心区内的取食压力就会增大，这时丹顶鹤往往以分散取食的方式获取食物分布的信息，它们很快就会发现水稻田这个信息点。从最初调查发现，家族先开始在水稻田觅食，3～10天后，便有400余只的大集群来此。同时，也引来了500余只灰鹤一起觅食。丹顶鹤觅食时以稻粒为主，兼食田间昆虫和螺类动物。

芦苇基地区

芦苇基地是以自然生长的芦苇和人工栽培以及采取人工措施、实施有效管理的芦苇滩地。滩地上生长的芦苇植株高度均在2米以上，且群落覆盖度也在95%以上，平时丹顶鹤无法进入这一区域觅食。进入12月份，管理部门会组织人员收割芦苇。收割后，芦苇滩地也就暴露了，平时自然繁衍的各种鱼、虾、昆虫、底栖的低等生物及草籽等相继裸露，为越冬期的丹顶鹤提供了新一轮的觅食空间。丹顶鹤群仍以它们固有的方式获得这一新的食物分布区的信息。这一觅食区的出现正好弥补了水稻田区食物密度慢慢降低的不足。这一阶段为元旦前后至2月份。

> 海水退落后的潮水沟头

鱼塘区

这里所指的鱼塘并非一般的小池塘，而是指远离居民区，与滩涂或其他生境类型交汇，具备湿地基本功能的一类湿地，面积一般在0.7平方千米以上，平时放养了一定数量的鱼、虾、蟹，冬季陆续放水捕捞投放市场，但在部分地段还会留有一薄层积水，漏下许多小的鱼、虾，这成了丹顶鹤较为经济的觅食资源。从觅食行为经济学角度分析，一次性能够取食到较大的鱼（或虾、蟹）类，比取食各种较小个体的低等动物或草籽、根茎等的效率更高。同时，当丹顶鹤的食物多样性和丰富度较为统一时，丹顶鹤也总是选择更大的鱼、虾类食物。因此每年的1至2月份各鱼塘在时间和空间上交替取鱼作业，为丹顶鹤在此类觅食区的动态选择提供了便利条件。这一阶段与芦苇基地觅食区穿插进行，互为补充。

生态工程区

生态工程即湿地恢复工程，为大面积的浅水沼泽，水生动植物资源分布适度，不仅为丹顶鹤等水禽提供了安全度较高的隐蔽条件，同时也为其提供了较为有利的食物资源和取食条件。由于人工调节水源，在干旱年份，当自然沼泽相继干涸，滩涂生物资源匮乏时，其生态调节功能更加显著。丹顶鹤在此区以取食鱼、虾为主。其选择性近似于鱼塘区，整个越冬期皆可取食。

冬麦田区

冬麦田与滩涂毗邻且地势低洼，或是在原始滩涂中开发形成的，这类觅食区仅在秋冬季干旱的年份出现。因为长期的干旱导致滩涂湿地生物资源严重匮乏，造成丹顶鹤的冬季食源严重短缺，迫使它们到滩涂周围寻找食源。在这一特定条件下，冬麦田就成了越冬期丹顶鹤选择觅食区的范围，发芽后的麦粒自然就成为丹顶鹤越冬期食物的组成部分。

人工投料区

在丹顶鹤越冬期，如遇到持续的低温气候，致使地表出现10厘米左右的冻土层；连续降雪，地面形成10厘米以上的积雪；长时间的干旱，滩涂土壤干裂，造成生态区的质量突然下降等，都会导致丹顶鹤觅食困难。面对自然灾害，为确保丹顶鹤的正常食源，保护区将定时定点限量采取

人工投料措施，在短期内改变丹顶鹤的食物结构、活动范围和行为时间分配。

越冬期丹顶鹤对觅食区的动态选择过程，也是丹顶鹤对人类活动影响觅食区的一种积极适应过程。客观上，丹顶鹤越冬期种群达峰值之际，也是多种类型的觅食区交替分布或同时出现的高峰期，这不仅满足了丹顶鹤群获取大量食物的需要，同时也满足了丹顶鹤作为杂食性鸟类在各种不同的觅食区或小区域内选择各种类型的食物需要。

当然，水稻田、芦苇基地、鱼塘、冬麦田等类型的觅食区虽然也在盐城自然保护区的保护范围，但在具体实施有效管理的过程中仍面临一定困难。因为区域内群体的目标各异，各自管理或被管理的对象有别，无法用同一尺度来衡量。如冬麦田，农民在秋播时为防治麦虫，往往在麦种里掺拌了农药，丹顶鹤取食时可能会造成中毒。此外，当今的滩涂开发活动已经改变了越冬期丹顶鹤栖息地的现状，也改变了丹顶鹤觅食区范围。如果原本就有适宜的、食物丰盛的生态区域让丹顶鹤自由地觅食、栖息，丹顶鹤群也不会去水稻田等处觅食，以至于受到人类活动的影响。因此，保护当今世界野生丹顶鹤最大的越冬栖息地，对栖息地环境实施科学有效的管理，以确保丹顶鹤种群的生存与发展，是科研工作者和保护区管理者的首要目标和使命担当。

> 丹顶鹤群

七·食物

丹顶鹤除了夜晚休息外,它们将一生中的大部分时间都用来觅食,以不断补充自身能量的消耗。

春暖花开之时,成年丹顶鹤配对后一般都选择在水草丰盛的地方营巢繁殖下一代,并且要占据数平方千米的空间。这既是为了满足丹顶鹤的生物学要求,也是孵化期的成年鹤和出壳后的小丹顶鹤觅食的需要。因为在孵化期丹顶鹤要将主要精力和大部分时间用在孵蛋上,觅食时间自然减少。小丹顶鹤刚出壳后,不可能进行长距离、大范围活动,同样需要周围有充足的食物,以满足其正常生长发育的需要。

在春秋季进行的南北迁徙的征途中,丹顶鹤更需要停息取食,以补充能量消耗,从而完成迁徙任务。

总之,和所有动物一样,丹顶鹤时时刻刻都离不开食物,食物维系着它们的生命。它们用长长的尖喙不停地叨啄地面,能深入土层10~15厘米处寻找可食之物。丹顶鹤十分爱清洁,凡是动物性食物,在有水的条件下,它们常常先将其置于水中清洗干净后再食用。因此,保护丹顶鹤的首要任务是保护好它们的觅食环境和栖息环境。

广阔的盐城沿海滩涂,一望无垠。在这貌似平静的滩面上,蕴藏着一个巨大的、热闹非凡的泥沙下的世界。种类繁多、形态各异的滩涂小生物在忙碌着,为南来北往的候鸟,更为世代繁衍在这片土地上的鸟类提供着食物。特别是在冬季,因受海水温度的调节,落潮后露出水面的各种小动物为来此越冬的丹顶鹤提供了丰富的食物。

小蟹

小蟹是当地人对滩涂蟹类的总称。滩涂上共有30多种蟹,它们喜欢穴居的生活,其洞穴遍布滩涂,在1平方米内就有2~3个。洞穴深浅不一,一般每穴有2个洞口。小蟹冬季深藏在洞穴的最底部冬眠,直到春回大地

> 小蟹吃文蛤

之时，才爬出洞穴繁殖后代。蟹类一般取食腐殖质和低等小动物，行动迅速。遇到人群时，活动在滩面上密密麻麻的小蟹能在几秒钟内全部钻进洞穴。有意思的是，它们在遇到障碍物时，往往沿着障碍物一个劲地朝着一个方向爬。当地人利用其这一特性，将芦苇做成坡状埋在它们时常出没的地方，在另一端埋入一口缸，缸口平于地面。小蟹在行进中一直沿着坡往上爬，直到掉入缸中。这样，人们可以每天从缸中捞取小蟹，而不必再花费大量的时间和精力去追逐和捕捉了。

　　小蟹每天活动的高峰期是黄昏时分，它们几乎倾穴而出，遍布道路、河边，密密麻麻，一见人走来，便迅速散开，闪出一条道来，远远看去，蔚为壮观。

　　在30余种小蟹中，以绒毛近方蟹、中华近方蟹和招潮蟹居多，它们不但分布范围广，其资源总量也非常丰富。

小蟹是鹤类及鹳类等大型鸟类越冬期的主要食物来源之一。由于小蟹具有坚硬的外壳、强壮的双螯，丹顶鹤采食它们时大多很小心，自有一套办法。丹顶鹤视力很好，一旦发现10米开外草丛中活动的小蟹，它们便毫不犹豫地冲上去，赶在其未进洞前叼住它们，甩出草丛。失去了草丛保护的小蟹，虽张牙舞爪地挥舞着双螯，却已是砧板上的肉，只能任由丹顶鹤宰割了。丹顶鹤用坚强有力的喙，将蟹足一节节折断，连同身段，一个个吞下。刚才还横行霸道的小蟹，转眼间就成了丹顶鹤的腹中之物。

弹涂鱼

弹涂鱼又称跳跳鱼、泥猴，身长只有10厘米，海水退潮时，在出海河岸的泥滩上和潮水沟两侧经常可以看到。

弹涂鱼呈深灰褐色或绿色，身上有几颗深色的斑点或几条斜纹。弹涂鱼有一双鼓凸的大眼睛，长在头顶上；有两片背鳍，能够像船帆似的升降。最特别的是，弹涂鱼的胸鳍肌肉结实，强壮有力，这使它们在淤泥表面弹跳自如，有时还能跃出水面跳跃式前进。因为其长相奇特，而且跳跃的动作滑稽，人们见到它后便忍不住伸手去捉。不过它弹跳的动作迅速敏捷，即使在无积水的淤泥上，人们单靠双手也是无法捉到的。

弹涂鱼是食肉动物，主要以昆虫为食，经常在靠近水域的淤泥表面觅食孑孓和水虱。弹涂鱼住在垂直狭窄的地洞中，地洞呈Y形，直径约2厘米，大多有两个洞口，相距10厘米左右。洞口四周堆着淤泥。

寒冷的冬天，弹涂鱼在地洞中蛰伏，一待就是数十日。雄弹涂鱼守在洞口附近，保卫它的领地。如有入侵者，它会竖起其鲜艳的背鳍，以示警告。要是这样做仍不能制止入侵者，它会鼓鳃、立鳍、跳跃，直至把入侵者赶走。

弹涂鱼是丹顶鹤等鸟类的美味佳肴。由于其弹跳动作迅速，丹顶鹤捕食时，也不敢贸然出击，往往是发现目标后，立刻静立不动，稍待片刻，见目标毫无动静，便蹑手蹑脚地靠上去。一旦弹涂鱼进入啄食范围，即止住脚步，将头慢慢地伸向它，迅速伸颈、夹食，干净利落地将弹涂鱼消灭干净。

丹顶鹤除觅食小蟹、弹涂鱼外，海鱼、海虾、海螺、海贝、水生昆虫、蝌蚪、海蚯蚓、水蛇、水老鼠等水生生物，以及草种、植物嫩芽、谷物、麻雀之类的小鸟也是它喜欢的食物。此外，间食一些砂石之类的坚硬物质，以帮助消化。

八·对付敌人

　　各种生物都在一定的时空范围内占据着一定的生态位置，并在相生相克的大自然里获得最佳的生存机会。丹顶鹤与其他物种一样，在进化的过程中自有一套御敌的本领。

　　丹顶鹤的栖息地为内陆沼泽湿地或沿海滩涂湿地，在这类生境中几乎没有对丹顶鹤构成生命威胁的猛兽、猛禽。即使有惊扰其日常生活的天敌，它们也有对付的办法。

　　在越冬地，丹顶鹤各家族群之间保持常态化的"通信"（鸣声）联系，一旦遇到险情，发现者首先发出报警鸣叫，各个家族立即抬头观望，了解危险程度。经判断认为十分危险时，它们会立即飞离原地，寻找安全地带停落。

　　晚上，丹顶鹤选择在外围有芦苇掩护、中心为浅水水域的地带集群过夜，有时多达几百只集中在一起。在丹顶鹤群的外围，失去配偶的孤鹤便自告奋勇地承担警戒任务，直到天明。

> 湿地芦苇

繁殖期间，丹顶鹤家族虽然要分散筑巢，但它们的巢址都为沼泽的腹地，敌害难以侵入。

遇到小型动物骚扰时，丹顶鹤会使用它们的尖喙主动进攻，同时用双翅拍打，并且双腿跳起以其锐爪抓拍敌人。即使对付赤手空拳的人类，它们有时也能取得胜利。

值得一提的是，人类对丹顶鹤的伤害远远超过其他任何一种天敌。在沿海滩涂，曾发生过不法分子用猎枪和农药毒杀丹顶鹤的恶性事件。

九·迁徙

　　所谓候鸟，是指随着气候条件的变化而变换繁殖地和越冬地的鸟类。候鸟又分为冬候鸟、夏候鸟、旅鸟，常年留居一地的鸟为留鸟。丹顶鹤在江苏为冬候鸟，在北方则为夏候鸟。

　　丹顶鹤每年9月下旬至10月上旬开始由北方的繁殖地向南方迁徙，在南方越冬。翌年2月下旬至3月上旬又从越冬地向北迁飞，到北方繁殖地进行繁殖。就这样周而复始，年复一年，世代相传。

　　丹顶鹤在黑龙江省为夏候鸟，每年3月初由越冬地迁来，在扎龙国家级自然保护区春季首见日为3月上旬；10月中旬离开扎龙到长江以南广大地区越冬，终见日为10月下旬。在兴凯湖首见日为3月中旬，终见日为11月中旬。迁徙时出现两个高峰，在扎龙第一次高峰为3月底至4月上旬，第二次高峰为4月中旬。第二次高峰丹顶鹤的数量较第一次高，但持续时间短，在兴凯湖两次高峰期与扎龙相似。第一次迁徙高峰时丹顶鹤多成对活动或为带幼鹤的家族。此时幼鹤的体形、体色与成年鹤相似，最明显的区别是幼鹤飞翔时初级飞羽和尾羽具有棕黑色的先端，翼上初级覆羽和小羽翼区域有一大的暗色块斑。颈部与喙也均较成年鹤色浅，有的颈部仍呈暗棕黄色，头上没有丹顶。在扎龙国家级自然保护区第二次迁徙高峰中，丹顶鹤群中个体数量增多。丹顶鹤群来到后便分散活

> 丹顶鹤

动,有的仍向北稍偏东方向飞去。第二次迁徙高峰出现时,早期迁来的丹顶鹤已先后产卵。第二次迁徙高峰过后,丹顶鹤的数量也开始稳定下来。

兴凯湖春季迁徙时多以家族或小群为单位,于晴天的上午8时至10时与下午的3时至5时迁来。

秋季最后南迁的是本地繁殖家族,它们各携一只或两只幼鹤在玉米地取食,直到11月中旬气温降低时,才被迫南迁。

春季迁来最早、秋季迁走最晚的也多为携带幼鹤的家族。

据保护区的相关资料显示,丹顶鹤迁徙日期集中在10月下旬至11月上旬,占迁徙总量的67.1%。由东北向西南方向迁徙,以家族为单位组成斜"一"字形,少数为小群体;也见有两个家族组成的"人"字形。成年鹤在前,幼鹤在后,一般在寒潮来临的前一天或当天迁徙的家族较多。迁徙途中大多无声息。

迁徙与气候

丹顶鹤的迁徙与气候关系密切,气候原因导致丹顶鹤每年迁徙的时间有很大差异。

丹顶鹤主要在中国黑龙江省、俄罗斯远东及日本北部高纬度地带浅水湖泊及沼泽湿地栖息和繁殖,冬季则飞至南方。每年秋末冬初,它们向南方迁飞到我国淮河以南各地及朝鲜、韩国等较温暖的地区越冬。在我国的主要越冬地是江苏、山东等沿海滩涂,其中江苏省盐城市所辖的500多千米沿海滩涂是它们最主要的越冬地点,每年有600只左右丹顶鹤在此越冬。

每年早春,约在2月底至3月初,丹顶鹤又从南方向北迁飞,飞回到原栖息地进行繁殖。黑龙江省的扎龙国家级自然保护区是丹顶鹤栖息和繁殖的大本营。

气温的年变化与丹顶鹤迁飞密切相关。每年从10月上旬开始,黑龙江省齐齐哈尔市的气温逐渐下降,直至翌年3月中旬,月平均温度均持续在0℃以下;而此时,江苏省盐城市的月平均温度则都稳定在0℃以上。温度变化与丹顶鹤由北向南迁飞并在南方越冬的时段非常吻合。

黑龙江省齐齐哈尔市结冰、冻土、积雪等现象出现的时间与丹顶鹤向

> 迁飞中的丹顶鹤

南迁飞的时间十分对应。黑龙江省齐齐哈尔市每年10月中旬以后平均温度就会低于3 ℃，结冰和冻土现象都出现在此期间，10月中下旬冻土深度为13～22厘米。而江苏省盐城市冬天比较温暖，降雪和积雪日出现时间迟，持续时间很短，尤其是结冰和冻土现象都较轻微，10厘米的冻土现象每年只出现6天左右（一般出现在1月中旬，近年来由于暖冬已无冻土现象）。在沿海滩涂上，由于土壤中含有一定的盐分，滩涂植被具有一定的保温作用，加之近海水体的影响，实际冻结程度更加轻微。

　　丹顶鹤赖以生存的主要食物是浅水中的鱼、虾、软体动物和某些植物的根茎，黑龙江省齐齐哈尔市的冬季气候并不能满足丹顶鹤的生存条件。因此，丹顶鹤必然要南迁，去寻找有利于它们生存的气候、土壤等环境条件。江苏省盐城市沿海滩涂的生态环境、食物资源等都能满足丹顶鹤的需根据越冬期的年度数量分布情况统计：越冬期丹顶鹤在人工湿地内的分布比例随着时间的推移呈上升趋势，且幅度较大。1982 年冬季调查仅占总数的 39%，1990 年前后在 40% 左右波动，1999 年高达 76.4%。2005 年和 2006 年则分别降至 54.6% 和 55.7%。这表明越冬期丹顶鹤在人工湿地的分布处于动态变化之中。这种变化和人工湿地的范围、面积、利用方式及人类活动的强度有着密切的联系。

要，在此越冬是最适宜的。

3月中下旬，黑龙江省齐齐哈尔市气温逐步回升至0 ℃以上，大地解冻，沼泽恢复生机；而此时江苏省盐城市明显升温变暖。由于动物本身的遗传、记忆和生物钟节律等因素，再加上受繁殖期前体内的生理激素的影响，丹顶鹤群便又从南方向北迁飞，飞回到原来栖息和繁殖的地方。

由此可知，南北两地的气候差异是引起丹顶鹤迁飞活动的环境条件和最基本因素。

迁徙与风的作用

风的作用也与丹顶鹤的迁飞有关。丹顶鹤南北迁飞时与江苏省盐城市、黑龙江省齐齐哈尔市两地风向有关。春季，江苏沿海处在地面高压偏南气流控制之下，盐城市出现偏南风，丹顶鹤则由南向北迁飞；秋季，我国东北地区受较强的冷高压控制，受寒潮影响，冷锋过境后，地面吹较强的偏北风，丹顶鹤则由北向南迁飞。

十·领域行为

由于冰雪尚未融化,春季首批迁来的丹顶鹤取食受限,其活动范围会超过原占区面积,常常出现在翻过的麦田里。天气转暖,地面大多裸露时,它们只在固定的占区内活动。从繁殖行为与习性上看,占区又由原参加繁殖家族所占有。每个丹顶鹤家族占区的大小一般为1.5平方千米,而在育雏期,占区可扩大至原来的50%~100%。尤其在孵化期,占区明显地分为巢区与觅食区。

失去繁殖能力的老龄丹顶鹤携幼鹤第一批迁来,一般在原来繁殖时的占区内活动,或者移至繁殖家族之间的空当位置。整个春季鸣叫频繁,仍保持交配行为。每天的主要活动是觅食漫游,喜欢在芦苇片区的边缘取食和栖息,采食结束较早,夜间在芦苇丛中栖息且位置较为固定。老龄鹤并不驱逐幼鹤,或与幼鹤共同活动,或在幼鹤附近,也参加幼鹤的聚群。

亚成体包括二三龄性未成熟的个体,晚于繁殖家族到达北方,而较早

南迁。亚成体均配对活动,尽管占区面积较大,有移地活动行为,但也有一定的活动区域,大多数分散在繁殖家族群体的外围。繁殖季节,成双成对飞翔者多为亚成体。它们一旦性成熟,也会由外围区域挤进繁殖圈内繁殖。

丹顶鹤是用其特殊的鸣叫形式——对鸣,即由雌、雄鹤发出的同步二重奏似的高低声鸣叫和一系列特有的威胁行为驱赶对手,维持自己对领域的占有权。丹顶鹤

的领域行为包括鸣叫、巡行、威吓等。

鸣叫

丹顶鹤用对鸣宣布占领了这个区域，同时用对鸣警告、驱赶和抵御入侵者。鸣叫时，雄鹤的声调低，发出单音节的"嘎儿、嘎儿"声；雌鹤以重复的"嘎嘎嘎"高调短音附和，叫声洪亮，传之甚远。丹顶鹤鸣叫时昂着头，喙朝天，颈向后反曲，三级飞羽蓬起并随着叫声抖动。丹顶鹤正是用这种声音和行为向入侵者传递信息。

领域里的丹顶鹤一旦发现有相邻的一对鹤接近边界或有其他入侵者进入本领域时，它们就翘起三级飞羽，在鸣叫的同时向入侵者的方向走上几步。

巡行

丹顶鹤在建立了自己的领域后，不再像一些活动频率高的小型鸟类那样每天数次在领域内巡行，但在抵御入侵者或防止其入侵时，它们会沿着有入侵者的一侧边界巡飞。丹顶鹤在本领域内的正常飞行高度为5～15米，只有在追逐入侵者时，才会超过这一飞行高度。

> 觅食

威吓

丹顶鹤在自己的领域里更多的是用无声的、奇怪的、固定的姿势来威吓入侵者。

威吓性散步这一行为多发生在与入侵者相距100米的范围内，丹顶鹤并不是立即飞到入侵者面前，而是步行逼近，在行走过程中以喙向下或向前两种姿势交替出现。同时步伐缓慢，每秒1~3步，腿抬得很高，膝关节僵直。离对手2~3米时，双方盘绕对峙。这时丹顶鹤的身

> 精心梳理

体与颈向前，但头转向与对手相反的方向，喙与水平方向成45度角朝向天空，鲜艳的红顶朝向对手。丹顶鹤这一行为会被快速地重复多次并啄起一丛丛草，上述行为多为雌鹤所为，但有的雄鹤也有这种行为，这是丹顶鹤面对强大而有力的对手时非常气愤的表现。

无关趴卧行为多出现在僵持的激烈阶段或入侵者接近鹤巢的情况下，两性均有，但雄鹤多于雌鹤。开始时喙垂直于地面，颈挺直，前胸抬高，再蓬起身上的羽毛，张开双翅，双脚快速倒步，发出"嘎儿——"的叫声。卧倒在地时，喙向下低头或喙向后置于背上，或喙与水平方向成45度角朝向天空，身上羽毛蓬松并抖动，尾羽散开向上翘或翅全部展开。

领域行为主要以雄鹤为主，雄鹤在保卫领域的过程中积极又主动。

在育雏期，如遇入侵者，都是由雄鹤前去驱赶，雌鹤则带领幼鹤留在原地觅食。待将入侵者赶出后，雄鹤才回到家族中。

本领域的丹顶鹤与入侵者周旋一段时间后，若入侵者仍不肯退却，也做出种种威吓行为与之抗衡时，本领域的丹顶鹤红顶面积缩小，头、颈部羽毛蓬松，胸部降低，低声"咕——咕——"地叫着，围着对手，慢慢踱着碎步。一旦对方让步，它们很快就放松下来。

十一·繁殖

每年的三四月份，丹顶鹤由南方的越冬地相继迁至北方的扎龙等地进行新一轮的繁殖。来到扎龙后，每对丹顶鹤首先要抢占自己的领地，然后再将自己上年生的小丹顶鹤赶走，以便安心繁育新一代。小丹顶鹤不愿离开自己的父母，亲鹤只好用它们的尖喙攻击小丹顶鹤，有时甚至将小丹顶鹤啄得头破血流。小丹顶鹤离开自己的父母后，与其他遭到同样命运的小丹顶鹤一起混群，过着游荡的生活。待繁殖期过后，它们中的部分个体会重新回到父母身边一起南下。

亲鹤忍痛赶走小丹顶鹤后开始进入交配、筑巢、产卵、孵化、育雏的固定程序。它们选择一块水草丰茂、食物丰盛、安全、隐蔽、宁静的芦苇沼泽地带作为自己的领域，一起觅食、饮水，一起鸣唱、飞翔，共筑爱巢。

交配

交配多在日出前至上午8时和下午3时以后进行。交配前雄性丹顶鹤会做出屈伸颈部，拍打双翅，身体上下起伏跳跃的动作。有时雌性丹顶鹤也会做出相应的反应。之后雌性丹顶鹤两腿下伏，半展双翅，头颈伸出，雄性丹顶鹤展翅跳上雌性丹顶鹤的背部进行交尾。交尾持续10秒左右，交尾时常可听到较低的"咕儿——咕儿"叫声，之后雄性丹顶鹤从雌性丹顶鹤的前方跳下。

在此时期，双鹤常在一起将喙、颈直伸向蓝天，交互发出十分嘹亮的"嗦——嗦"和"嗦嗦——嗦嗦"的鸣叫。鸣叫也多在日出前至上午8时和下午3时以后这段时间较为频繁。有时夜间也能听到丹顶鹤的鸣叫声。

营巢

营巢活动最早出现在3月末，最晚可到5月中旬，由双鹤共同完成。此时的丹顶鹤行动诡秘，鸣叫减少，往往一只丹顶鹤营巢，另一只丹顶鹤在附近担负警戒的职责。如受惊扰，双鹤立即将未筑成的巢弃掉，在他处另营新巢。

> 交配

　　巢多营筑在浅水中和湿地上，较隐蔽。早期营筑的巢大多在冰面上。据对20个巢的观察，在冰雪融化后，巢周水深5~25厘米的有16个，巢周水深30厘米以上的有1个，直接营筑在湿地上的有3个。由此可见，巢所在处最适宜水深为25厘米以下。从巢的隐蔽状况看，20个巢中周围被较高、较密的苇草包围，且隐蔽极好的有10个；巢周有较高苇草但不完全包围，隐蔽较好的有8个；巢周无任何隐蔽的仅2个。

　　巢材主要由芦苇、小叶樟、苔草、莎草等植物的茎、叶构成。有的巢材中还有香蒲的茎、叶。各种巢材所占比例多寡视巢附近植物种类而定，但在20个巢中均有芦苇的成分，这与巢区内到处都生长着芦苇有关。巢材中芦苇长度一般为0.6~0.9米，最长的在1米以上。

　　巢的大小及结构与巢址水深和巢材种类密切相关。一般巢址水较深和巢材以杂草为主的，则巢高大细密；而湿地上主要以芦苇营造的巢，既薄又小，巢材间的空隙很大，有时从上方可直接看到巢下的泥土。

　　因巢周围的苇草被亲鹤折取为巢材，而且亲鹤常在此活动，所以在巢四周会形成一个以巢为中心的空场，空场的直径一般为4（3~8）米×5.4

（3～10）米。由于亲鹤经常出入，均踏出以巢为中心的放射形通道，通道一般有3～8条，有的通道还有分支，亲鹤经常走动的通道比其他通道宽而深。

此外，还发现有的巢附近有用枯苇筑成的假巢，离真巢3～5米远，在亲鹤经常走动的通道附近。夜幕降临，在巢外担任警戒任务的亲鹤常走入假巢休息，天刚放亮时亲鹤便走出来。由此可知，假巢仅是亲鹤夜间休息的地点。

丹顶鹤有沿用旧巢的习性，旧巢复用率约为25%。如果旧巢的巢区比较隐蔽且没受到人为或自然风雪等的破坏，有些丹顶鹤会在旧巢基础上，放置新巢材后继续使用。

蛋及孵蛋

丹顶鹤的产蛋期为4月上旬至5月中下旬，每年产一窝。如果在孵化初期把鹤蛋取走，亲鹤便弃用原巢，另造新巢重新产蛋。

双鹤轮流孵蛋，平均每70分钟亲鹤在巢中立起晾蛋一次，每次晾蛋5分钟左右。晾蛋时，丹顶鹤在巢中立起张望，低头翻动蛋，调换伏卧方向，有时立巢高叫。每天换孵4次，换孵的时间十分规律而准确。第一次换孵为清晨4时40分左右，雄鹤接替雌鹤；第二次换孵是上午8时半至9时半之间；第三次换孵是下午2时至3时半；第四次换孵是晚上7时。阴雨天推迟半小时至1小时，孵化时以雌鹤为主。在孵化的中后期，偶尔一两天内只有两次换孵。此外，也有不规律换孵的，这大多为初次繁殖的丹顶鹤家族。

换孵的丹顶鹤大多由采食地直接飞至巢区，此时坐孵者立即站起，双方对鸣，鸣声高昂而洪亮，一般在孵化2周左右，每次换孵必有鸣叫；然后之前坐孵的丹顶鹤会径直飞往采食区，或简单整理一下羽毛后直接飞至采食区，或先飞至巢附近梳羽，再飞至采食区。孵化后期一般不再鸣叫或偶尔鸣叫。

这一时期双鹤不活跃，取食也不旺盛，但性情凶猛，警惕性极高。在巢外警戒的丹顶鹤对侵入巢区的同类反应激烈并立即将其逐出。被驱逐的异种鸟有白枕鹤和飞越巢上空的鹊鹞等。丹顶鹤有时也攻击在巢区内营巢的斑嘴鸭，但并不会将其逐出很远。

雏鸟及育雏

每年的5月上旬就可见到雏鹤。雏鹤出壳的前几日，在蛋内便不断发出"唧唧唧"短而细弱的叫声。雏鹤出壳前一天，先在蛋近钝端处啄开一直径约5毫米的小孔，之后洞孔逐渐扩大，经一昼夜雏鹤便可全部出壳。

刚出壳的雏鹤全身被以淡黄褐色绒羽，背中部色较深，胸腹色浅；喙基至喙中部为乳黄色，喙尖银灰色；跗跖粗壮，黄褐色略带灰色。除顶羽干了之外，背部羽毛湿润。18天后，粉状胎羽全部脱落，全身被绒羽。雏鹤喜欢温暖的环境，不爱睁眼。

育雏期间双鹤对雏鹤关怀备至，时刻不离左右。采食中经常间歇卧孵，又时而抬头瞭望，一旦发现异常便长时间引颈注视，幼雏则隐伏于草丛中不动也不叫。如有猛禽飞近，亲鹤则将它们逐走。平时，两只亲鹤总是相隔10～30米，守在雏鹤的附近。

雏鹤发育很快，7月中旬有的个体身高可达1米，绒羽脱完，体羽黄白斑驳。8月开始跟随双亲练习飞行，9月上中旬可随亲鹤做较远距离的飞行。这时它们的身高较亲鹤略低，有的体羽大部分变成白色。家族也开始到丘岗附近活动，有时到田间取食玉米。家族停栖时，雄性丹顶鹤在一旁警戒。

一般10月上中旬丹顶鹤开始南迁，最迟11月中旬迁完。南迁时，当年繁殖的丹顶鹤均以家族为单位迁飞，多为4只一个家族。开始时在天空盘旋，越飞越高，亲鸟有时发出"嘎儿——嘎儿"平和的低叫，小丹顶鹤时而和以"叽——叽——"细弱的叫声，排成"一"或"V"形队列，缓慢鼓翼，优美潇洒，一直向南飞去，逐渐消失在无垠的天际。

第七章

走进丹顶鹤的繁殖地
——扎龙国家级自然保护区

　　我先后 5 次到扎龙学习和考察，深深地感受到了我国第一个以丹顶鹤繁殖地为主要保护对象的国家级自然保护区的神奇与美丽。在这里我结识了徐铁林、宋胜利、王进军、吴长申、马建华、李长友、王文峰、吴焕军、徐建峰、白晓杰等一大批湿地和鹤类专家。

GRUS JAPONENSIS

一·美丽的扎龙

　　第一次走进扎龙国家级自然保护区是1986年的4月下旬，接待我的是宋胜利和徐铁林两位鹤类专家。他们将我带到望鹤楼上，宋胜利告诉我：扎龙国家级自然保护区位于黑龙江省西部松嫩平原乌裕尔河下游湖沼苇草地带，地处齐齐哈尔市铁锋区、昂昂溪区、泰来县、富裕县和大庆市杜尔伯特蒙古族自治县、林甸县的交界处。保护区总面积2100平方千米，其中930平方千米的地域归齐齐哈尔市管辖，大庆市管辖的区域达1170平方千米，保护区管理局所在地榆树岗在齐齐哈尔市铁锋区扎龙乡境内。保护区呈东北至西南不规则的长方形，由南至北80.6千米，东西相距58千米，是

> 恩爱"夫妻"

人工湿地是指通过模拟天然湿地的结构与功能，选择一定的地理位置与地形，人工设计与建造并监督控制的湿地。主要是通过对湿地自然生态系统中的物理、化学和生物作用的优化组合，达到净化水体、改善环境和资源利用与保护的目的。

我国面积最大的以芦苇、沼泽为主的内陆湿地保护区。

扎龙地域辽阔，生态原始，肥水漫溢，芦苇丛生，动植物资源十分丰富，具有高等植物468种、鱼类46种、两栖类6种、爬行类2种、兽类21种、鸟类269种。丹顶鹤、白枕鹤、蓑羽鹤在扎龙繁殖，白鹤、白头鹤、灰鹤在扎龙迁徙停歇。世界现存野生丹顶鹤数量近4000只，扎龙湿地就有300只左右。因此，扎龙国家级自然保护区理所当然地成为我国面积最大的野生丹顶鹤繁殖地。

二 · 扎龙湿地的形成

　　乌裕尔河、双阳河形成了扎龙湿地。这两条河流均发源于小兴安岭西麓，又同属无尾河，流出丘陵漫岗地带进入本地区后冲击力增强，河道弯曲而发达，河滩地面积宽阔，河水不深。汛期河水漫溢于闭流区的洼地，形成了广袤的、永久性的芦苇沼泽湿地。

　　乌裕尔河在距今1.5万年前是嫩江的一条支流，其下游即今天的塔哈河。因受晚白垩纪形成的松嫩凹陷大湖盆继续沉降的吸引和嫩江河道西移的影响，河道遂由今富裕县城东南，折向南流入湖盆而与塔哈河分离，成为独立于嫩江水系的一条内流河。正常年份，乌裕尔河与嫩江之间有分水高地相隔，无地表水联系，但在乌裕尔河出现中高水位时，仍有部分洪

> 　湿地上空的丹顶鹤

水溢出河床,借塔哈河河道进入嫩江,其下游芦苇、沼泽地带的洪水,可通过连环湖流入嫩江,而当嫩江处于丰水期时,借助塔哈河进入乌裕尔河。特别是嫩江洪泛时,洪水冲垮堤坝进入扎龙湿地时常发生。因此,乌裕尔河同嫩江之间存在着这种藕断丝连的奇妙关系。

> 丹顶鹤

乌裕尔河源头海拔414米,河流全长576千米,流域面积15084平方千米,湿地平均海拔为143米,比源头低271米。乌裕尔河水源充足,但丰水期与枯水期反差极大。洪水泛滥时,湿地形成了一片汪洋,河水冲过漫滩流向远离河道的地方,枯水时河水则如涓涓细流。据水文资料显示,乌裕尔河丰水期、枯水期年径流量相差25倍左右,并且径流变化具有明显的春汛和夏汛特征。乌裕尔河大约10年为一个洪泛周期,洪泛是造就湿地的主要动力,正是这种丰水期、枯水期变化明显的震荡式来水,造就了扎龙湿

地丰富的生物多样性。

　　双阳河是季节性河流,发源于小兴安岭西南侧与松嫩平原北部的接合地带。上游丘陵起伏,海拔为200～300米,下游海拔为140～200米。双阳河是一条无尾河,河道蜿蜒曲折,河流至林甸县境内已无明显河道,河水最后经九道沟流入扎龙国家级自然保护区的东部地区。

　　双阳河也是丰水期、枯水期水量反差极大的河流,水大时可使林甸县城成一片汪洋;枯水时,断流形成碱沟子。

　　正是乌裕尔河和双阳河生生不息的河水源源不断地流向扎龙,才形成了扎龙湿地,养育了扎龙人和在此繁衍的丹顶鹤以及众多生灵。

三·扎龙的鸟类

　　扎龙湿地位于东北松辽平原的西北部，地理位置特殊，区系成分较复杂。据多年调查，本区鸟类269种，隶属17目48科。鸟类区系成分主要以古北界种类为主，而这些主要分布于古北界的种类又以北方型的种类为主，如云雀、翘鼻麻鸭、灰鹤、红尾伯劳、锡嘴雀等。一些主要分布于东洋界的鸟类，沿季风向北延伸至本区，代表性种类有黑枕黄鹂、灰椋鸟、白琵鹭、大白鹭等。此外，在我国南方广泛分布的须浮鸥等在保护区也能见到。属于蒙新区的典型种类向东扩散，在本区可见到的有大鸨、毛腿沙鸡、蒙古百灵、短趾沙百灵等。

　　保护区的鸟类以候鸟为主，其中占绝大多数的为夏候鸟，以鸭科、鹬

> 绿头鸭集群生活

科、雀科数量最多，鸭科和鹬科构成保护区水鸟的主体。由于扎龙国家级
自然保护区属沼泽低湿生境，树木稀少，只有一些防护林和村边稀疏树
林，因此树栖鸟类较少，且多不在当地繁殖，只是每年迁徙时路过此地。
由于地形上的特点，扎龙国家级自然保护区成为许多鸟类南北迁徙的主要
停歇地。大面积的浅水沼泽湿地吸引了丹顶鹤、白枕鹤、大白鹭、草鹭等多
种水禽，并以此作为其理想的栖息繁殖地。扎龙国家级自然保护区有国家
一级保护鸟类8种，国家二级保护鸟类33种，黑龙江省重点保护鸟类17种。

四·扎龙人的担忧

　　鹤类等珍稀水禽是扎龙国家级自然保护区的重点保护对象。世界上现存15种鹤,中国有9种(实际上现存仅8种),扎龙国家级自然保护区就有6种。20世纪70年代中期以前,扎龙国家级自然保护区鸟类资源丰富,鸟蛋和水禽是当地居民副食品的主要来源。一个农民撑船下苇塘大半天就可以捡到很多鸟蛋,多数农家都腌1~2缸鸟蛋。据赵凯村人回忆,那时没有哪家靠养鸡、鸭吃其肉、蛋的,野生禽鸟及蛋就足够享用了。20世纪80年代初期,保护区工作人员在野外调查中发现核心区内以鹭类为主,数量上千的水禽混巢区有5处,鸟飞起来铺天盖地,苍鹭、草鹭在沼泽中伫立,远远望去密密麻麻,雁鸭多得数不清,每年在保护区繁殖的鸟类达数万只。20世纪80年代后期鸟类逐渐减少,铺天盖地的飞鸟场面不见了……

> 鹤类

133

五 · 扎龙的"形象大使"

　　马建华毕业于东北林业大学，是徐铁林的学生。1991年，我俩在全国鹤类繁育技术培训班上相识，此后就成了好朋友。平时协助马建华工作的还有徐铁林之子，我国著名的驯鹤姑娘徐秀娟的弟弟徐建峰。2007年，我先后3次造访扎龙湿地，通过马建华及其团队的详细介绍，我对扎龙湿地和生活在其中的丹顶鹤有了更多的了解。通过多年的努力，他们在扎龙国家级自然保护区建成了我国第一个丹顶鹤、白枕鹤散放驯养的不迁徙种群，先后繁殖丹顶鹤800多只。这为开展野化训练、扩大野生种群奠定了技术基础。

六·野生种群

丹顶鹤主要分布在中国、俄罗斯、蒙古、朝鲜半岛和日本，其中日本的1600~1900只丹顶鹤仅在北海道栖息和繁殖。真正长距离南北迁飞的丹顶鹤只有2000多只，因此丹顶鹤被称为极其濒危的鹤类。

丹顶鹤实行一夫一妻制，以家族为单位活动，每年3月中下旬来到扎龙，4月初开始筑巢产卵，一窝2枚，孵化期约33天，小鹤出壳24小时即能下水游玩，85天就能展翅飞翔。当年10月下旬随双亲南迁，到江苏盐城一带越冬。第二年返回扎龙后，丹顶鹤夫妻便将子女驱赶出门，让它们独立生活，自己再次产蛋孵化，所以丹顶鹤的家庭成员总数不超过4只。这种方式虽然有些"不近人情"，但这也是丹顶鹤独特的教育子女的方式。被驱赶出家门的小丹顶鹤们聚集群居，被称为亚成体群体，它们互相关爱、结伴南北迁飞。3岁后丹顶鹤开始性成熟，通过鸣叫、舞蹈等方式选择伴侣，最终结为夫妻，于是一个新的丹顶鹤家庭便产生了。

丹顶鹤是栖息于沼泽地的大型水鸟，它们之所以把扎龙国家级自然保护区作为理想的栖息和繁殖地，主要是因为这里具备其他区域难以具备的4个优良条件：有大量苇草可以供丹顶鹤隐蔽，沼泽水域可以防止天敌危害并满足雏鸟出壳后生存的需要，水中的鱼虾及植物嫩芽等为其提供了丰富的食物，无人为干扰或很少干扰。丹顶鹤有领域行为，在筑巢孵化期，每对丹顶鹤所占区域约1.5平方千米，所以丹顶鹤的保护需要很大的、无人干扰的空间。

EPILOGUE

结语

丹顶鹤是当今世界现存15种鹤类中最美丽、最惹人喜爱的一种。它们在地球上已生活了千万年。在我国，自古人们多喜养之，史载东周时列国争雄，卫懿公（公元前668—前661年）好鹤失国，传为逸事。东周以后，民间仍以养鹤为乐。宋朝诗人林逋无妻无子，种梅养鹤以自娱，人们称他拥有"梅妻鹤子"。如今，在世界各地的动物园内圈养着数量不等的丹顶鹤，以供观赏。

我国几乎所有的动物园内均饲养着丹顶鹤，有许多动物园先后开展了丹顶鹤的驯化与繁殖工作，其中以沈阳、天津、北京等地的动物园饲养繁殖成活率为最高。在以鹤类为主的保护区内，黑龙江省的扎龙和江苏省的盐城两个国家级自然保护区开展丹顶鹤的驯养繁殖工作较为深入，它们在提高丹顶鹤的繁殖率、增加种群数量、缓解濒危状态等方面做出了一定的贡献。尽管如此，丹顶鹤在全球现存约4000只，远不能达到使该种群在地球上自行生存、延续与发展的数量要求。因此，摆在我们科学工作者面前的任务是艰巨而长期的。

人类并非孤立地生活在地球上，我们也是地球上万千物种中的一种。地球上的每一个物种都有生存的权利，而每一个物种的生存都与地球息息相关，这是自然法则。我们必须尊重、维护所有生物赖以生存的家园——地球。

30多年来，我和国际、国内的自然保护工作者、动物学工作者及鸟类爱好者们一起，为拯救丹顶鹤这一濒危的物种进行着不懈的努力。从直接研究丹顶鹤的行为生态、人工驯养繁殖，到宏观生态环境——丹顶鹤生存环境的监测与管理，由学术研究到保护与环境执法，我和同事们承担起保护、建设丹顶鹤与人类共同家园的责任。

　　我坚信，随着人类社会文明程度的不断提高，全球现在处于濒危状态的物种也会再现生机，它们将与人类共存，直到永远!

POSTSCRIPT

跋

地球，是据今所知仅有的一个有生命存在的星球。自从地球上出现人类以来，人类的活动就不断地影响着自然生态环境，并且随着科学技术的进步日益明显。

人类的生存原本就是以各种方式改造自然、获取大量物质财富为前提的，地球的丰富资源特别是生物资源，对人类发展的历史进程无疑有着重要影响和巨大作用。然而，人类一方面创造了自身生存所必需的物质财富，另一方面又破坏了自然界原有的稳定、协调和平衡。直至受到大自然的严厉惩罚之后，才逐步认识到人类与其他生物一样同是地球村的公民。

大自然恩赐给我们丰富多样的生物世界和湿地景观，给我们展现多姿多彩的奇妙故事，让我们感知生命与生命、生命与环境之间原本是如影随形、相依而生的。湿地被誉为"地球之肾"，是生物多样性最为富集的地区之一。丹顶鹤是"湿地仙子"，是湿地生态系统的重要指示物种，水草丰盛、生物资源丰富的湿地为大型涉禽丹顶鹤提供了赖以生存的栖息条件和繁衍场所。丹顶鹤玉立于湿地之中、翱翔于湿地之上，点缀着湿地之美。

丹顶鹤在野外的生存现状如何？人类与丹顶鹤等珍禽之间能和谐相处吗？我们需要为此做些什么？

一批自然保护工作者和鸟类科学家们正在为保护丹顶鹤等珍稀物种及

其赖以生存的栖息环境，坚持不懈地开展着艰难的工作，为保护和改善我们人类自身的生存环境贡献着他们的青春，盐城自然保护区的吕士成先生就是他们其中的一位代表。

多年来，吕士成先生和他的团队承担起保护、建设丹顶鹤栖息地的重要职责，期待着他们为丹顶鹤营造出一个更加舒适、美好、幸福的家园。

南京林业大学教授

周世锷

2008年7月

APPENDIX

附录

丹顶鹤大事记

1. 鹤类在地球上的出现比人类早约6000万年。根据对4000万年前始新世的化石资料考证，地球上最早的鹤类与现在生活在非洲的鹤相似。

2. 1776年，丹顶鹤被首次命名为 *Grus japonensis*。

3. 公元前1324—前1266年，商代第23代王武丁的配偶妇好墓中的鹤雕，最早记载了丹顶鹤。

4. 1932年，陆鼎恒、李象元撰写的《中国北部之鹤科》是我国最早记载研究丹顶鹤的论文。

5. 1973年，国际鹤类基金会（International Crane Foundation）在美国的威斯康星州成立。

6. 1974年，我国首次开展了丹顶鹤的专题研究。

7. 1976年，我国首次在野生丹顶鹤繁殖地黑龙江省齐齐哈尔市扎龙湿地建立了丹顶鹤人工驯养基地。

8. 1979年，黑龙江省齐齐哈尔市建立了我国第一个以保护丹顶鹤为主的湿地类型自然保护区，1987年晋升为黑龙江扎龙国家级自然保护区。

9. 1983年，江苏省盐城市建立了我国第一个丹顶鹤越冬地自然保护区，1992年晋升为江苏盐城国家级珍禽自然保护区。

10. 1983年，我国成立了华东地区鹤类联合保护委员会。

11. 1984年，中国鹤类联合保护委员会在南京成立。

12. 1986年，在野生丹顶鹤的越冬地江苏省盐城沿海滩涂建立了我国第一个南方鹤类驯养繁殖场。

13. 1987年，国际鹤类学术研讨会首次在我国的黑龙江省齐齐哈尔市召开。

14. 1987年9月16日，我国著名驯鹤姑娘徐秀娟因寻找一只飞散的大天鹅不幸溺水牺牲，成为我国环保事业中因公殉职第一人。歌曲《一个真实的故事》由此创作。

15. 1994年，在丹顶鹤越冬地盐城滩涂开展的人工驯养繁殖丹顶鹤项目取得成功，填补了国内这一研究领域的空白。

16. 2002年，由马逸清教授撰写、上海科技教育出版社出版的我国第一部《丹顶鹤研究》专著问世。

17. 2003年12月，一只丹顶鹤首次飞往我国台湾地区栖息。

18. 2006年，在网络上进行了中国国鸟评选活动，丹顶鹤名列第一。

19. 2019年7月5日，包含江苏盐城湿地珍禽国家级自然保护区在内的中国黄（渤）海候鸟栖息地（第一期），被列入《世界遗产名录》，是中国第一块滨海湿地类自然遗产，全球第二块潮间带世界自然遗产。